素味西餐

杜林◎著

中国大百科全书出版社

策　　划：任芸丽
责任编辑：余　会　杨琪蒙
责任印刷：魏　婷
造 型 师：叶　本　Yoli
封面设计：孟婷婷　陈梓健
内页设计：朱冬梅
摄　　影：朱焱卿　章媛丽
插　　画：Ricky

图书在版编目（CIP）数据

素味西餐／杜林著．--北京：中国大百科全书出版社，2017.4

ISBN 978-7-5202-0030-1

Ⅰ．①素…　Ⅱ．①杜…　Ⅲ．①西式菜肴–基本知识　Ⅳ．①TS972.118

中国版本图书馆CIP数据核字（2017）第061417号

书　　名：素味西餐
出版发行：中国大百科全书出版社
地　　址：北京阜成门北大街17号
邮政编码：100037
电　　话：88390695
http://www.ecph.com.cn
印　　刷：北京尚唐印刷包装有限公司
经　　销：全国各地新华书店
开　　本：787mm × 1092mm　1/16
印　　张：12.5
版　　次：2017年4月第1版　2017年4月第1次印刷
定　　价：32.80元

吃一口彩虹，吃一口宇宙的爱

我常常亲自清洗蔬果，以此简单的工作来开始一天的忙碌。双手感受流水汩汩滑过指缝，尘土在掌心和蔬菜的表皮互相摩擦，边这样抚摸着在池子里翻滚的彩虹般的蔬菜，边微笑着想，黄瓜先生要脆脆哟，番茄小姐也要更甜哦。这样快乐地准备着料理，常常连自己也觉得有一点傻气。对很多人来说，这或许是无聊的工作吧！可是，对我而言，日复一日，与食物相伴，却是令我保持简单快乐的源泉。

对于食物的探索，令我保持童真。

为什么吃到一块豆腐，我会笑个不停?

为什么只是一碗饭，吃起来却那么满足?

为什么最后的一小撮盐，让一道甜品变得更完美?

当自己准备的料理最终也在品尝者的口中化开，成为让对方感到幸福的能量时，我渐渐明白食物、料理人、品尝者和天地之间的关系。天地在某段时间赋予某种食物以能量，料理者通过平衡的方式让食物完成从离开土地到被品尝者接受其宇宙能量的旅程，以此成就一段完整的能量传递。食，就是宇宙对万灵的爱的传递。

使料理美味的秘诀有千万种，而亘古不变的是料理者的诚意和汗水！唯有加入了爱，唯有怀着喜悦的心情，才能做出让准备的人和享用的人同时感到温暖的幸福料理。

作者介绍

作为 Green Vege 餐厅的联合创办人与主厨，杜林（Yoli）女士与素食结缘源于她与先生的相识。在结束海外生活回国定居后，Yoli 与先生一直希望能把国际上越来越流行的健康素食风潮带到国内。为实现这一愿望，Yoli 先后在诸多国际知名的素食餐厅拜师培训，包括享誉全球的瑞士素食餐厅 HILTL、香港知名素食餐厅 VeggieSF、马来西亚的素食餐厅 Angela's Café 等等；同时亦师从台湾的张瑜芳老师学习“悦性饮食”课程。最终于 2013 年，她在上海开出第一家纯素西式料理餐厅 Green Vege。Yoli 以全球各地素食美味为灵感，注重食材与季节、食用者之间的关系，以颠覆传统西式餐品的食材运用，坚持无蛋、无奶的纯素食主张以及无味精、无添加剂与低盐的烹饪原则，甄选安全、优质、非转基因以及尽可能有机与本地的健康食材入菜来打造 Green Vege 普素。餐厅开业以来为上海喜爱与追求素食餐饮的宾客带来了独具特色的纯素西式料理体验。

作为一名爱做菜的母亲，Yoli 在经营餐厅的同时也热衷于分享自己的烹饪心得，目前亦是媒体专栏的长期撰稿人，合作的杂志包括《优家画报》《LOHAS 乐活》，等等。

推荐序

不妨换一下食物，换一种性情

不知道入嘴的食物变一种模样，人会不会也变得不一样。只觉得那应该是一种有趣的尝试。你置身乡野小馆，就桀骜不驯；你置身米其林餐厅，就绅士淑女。食物，是太神奇的存在。

初见 Yoli，恍若高中生：淡淡青涩感，鬼马活泼但言语不多。很难想象她走南闯北游历世界，在国外生活那么多年，如今仍像一丝轻柔的风拂面，对，舒服！尝她制作的素食，才知道那些年的历练原来都融在了手艺里。时光是个好东西，该沉淀的一样都不会少。

作为《贝太厨房》曾经 15 年的主编，顶级大厨或民间高手，我见的不算少，但能把素食做得如此精彩的人，Yoli 能进前十，她真配得上"才华横溢"这个词。Yoli 使用的食材和调味料非常丰富，但又常见易得。她奉行清净的饮食观和极简工具，料理多元且丰富，那些令人惊奇的创意和新颖的搭配方式，好像与生俱来般的轻而易举。做的人不拧巴，吃的人也不别扭。这种感受，对于素食和食客来说都很难得。

你眼中的素食如果只是一盘沙拉、一碗清汤，或者更是一道难题，那就真该看看这本书。从西餐的基础蘸料、浓汤、小食，到主食、甜点、饮品……样样俱全，而且全素！素食，可以是一片绿叶，清心寡欲；也可以是一道彩虹，无比绚烂。可一人食，亦可众人宴。不管对于西餐爱好者还是素食爱好者，这本书无疑都是最好的指导。

希望您从清洗蔬菜开始，感受它们的纹理，触摸它们的质感，想象成品的样子，愉快地开始这段美好的素味之旅。

任芸丽
乐生活公益课堂发起人，
美食作家，资深媒体人。

吕颂贤
演艺工作者、素食者，尊重生命、爱护地球的绿色新人类

Yoli，我心目中另一位素食天使，她把自己在国外尝过的美食，再用心地去研发成适合我们东方人的口味！加上营养的调配，实在是素食者的幸福！在这里也对 Yoli 说一声：感谢有你，让我每次到上海都能享受到美食！

知道 Yoli 和她的餐厅是在 2014 年初。有一天，我无意间看到一个微信公众号，里面分享的都是我喜欢的西式素食食谱，兼有一些食材的知识。文字朴实干净，分享真诚。我马上就成了粉丝！

后来，慢慢知道了 Yoli 本人的故事和她开餐厅的点点滴滴，并且不断听到朋友向我推荐说，Yoli 的餐厅是他们最喜欢的素食餐厅。

酷爱印度咖喱的我试过很多咖喱的食谱，许多食谱虽然味道不错，但做法和用料常常很复杂。曾经在 Green Vege 微信号上看到一个印度咖喱蔬菜的食谱，没有复杂难买的调料，用料和做法都很简单，味道却非常好。我做过很多次，经常用它招待朋友和犒劳自己。

好的厨师懂得如何将最普通而平常的食材做得好吃。这需要和食材交心，更需要一次又一次地研发，不怕失败。据说 Yoli 家的纯素巧克力慕斯，是用上海最好的豆腐代替 cheese，研发了 30 多次才成功。因为热爱烹饪，尽管失败 30 多次，Yoli 也不觉得辛苦。而她家的薯条，也好吃得不得了。Yoli 还经常利用时令的农场食材研发出食谱，分享在微信上。在她的巧手料理下，那些朴实的蔬菜变得格外诱人，而又不失去其原本的味道。

用爱做出来的食物，会打动人心。相信这本用爱研发出来的食谱，会让你爱上蔬菜，也爱上这种用心料理的感觉。

Hazel
素食 4 年，创立了国内第一素食生活方式媒体——“素食星球”

推荐序

好奇心 + 创造力 + 爱心，玩转能量素食

说来也巧，认识 Yoli 和她一手创办的 Green Vege 西餐厅，恰好也是在我自己刚吃素那会儿。当时为了做一个选题，我到处拜访城中有趣的素食餐厅。清楚地记得那是 2014 年春节前的某天，第一次走进那时才开业不久的 Green Vege，看见一个裹着头巾、相貌和善的清秀女子坐在窗边写字，很自然地和她打了招呼，然后就聊了起来，想不到就此结下了后来的缘分。

Yoli 曾经在国外生活多年，一手好厨艺据说是看电视时跟 Jamie Oliver 学来的。Green Vege 开业那会儿，Superfood（能量健康食材）的概念，即便在上海最时髦的餐厅也还不多见，而她的菜单上早已是羽衣甘蓝、藜麦、鹰嘴豆、红菜头、各种苗芽菜、杏仁奶的天下了。光是读读菜名，就足够让人浮想联翩、垂涎三尺。

更有趣的是，虽然 Yoli 做的是纯正的西餐，但饮食背后的思考却并不拘泥于现代西方的营养学观点。怀着一颗天真而敞开的好奇心，她从中外古老的智慧体系中汲取养分。涉猎较多的，是以《黄帝内经》为代表的传统中华医学理念，以及来自另一个古文明印度的阿育吠陀自然养生思想。这些古老的生命智慧体系都秉承“天人合一”的宇宙观，从能量层面看待并解读物质世界，这样的思维方式给我们现代人带来很多不一样的灵感。

比方 Yoli 特别推崇“五谷为养”，即每一顿餐点中至少要有 50% 的主食，“一是因为谷物是阴阳平衡的种子，最具生命力；二是人体在消化主食时，所消耗的气血最少”，因此你会发现，“花样主食”这个类别在她书里占据了半壁江山。又比方说，阿育吠陀料理中常常用到各色香料，这些香料除了让食物更加美味诱人，还能平衡蔬果的寒凉属性，促进消化，帮助现代人薄弱的消化系统增加火力，巩固脾胃。这也是 Yoli 的素食食谱中很有特色的一点。

理论部分就说到这里啦！假如你以为这些理论就是 Yoli 美味料理的全部，那你可就大大地误会了。Green Vege 之所以会成为本人在上海生活必不可少的、像食堂一样的存在，只有一个雷打不动的原因，那就是：味道实在是好极了！！！那清香扑鼻的混合蔬菜浓汤，那调味恰到好处的佐酱，那些松香脆软的汉堡面包，那些带着天然甜味的慕斯蛋糕……在每一口的咀嚼中，都能深切地感受到来自食物的满满能量，以及大厨的细腻用心和爱心。

再简单不过的家常食材，到了她的手里就会变得有生命，令人赞叹！而 Yoli 也是从不吝于分享她在食物上获得的心得。这本书里的大部分菜品，在她的餐厅里其实都可以吃到。但 Yoli 也总是强调亲手烹饪食物的乐趣，或许对她来说，这就是能量流动的最佳方式吧！

狄佩均
《LOHAS 乐活》杂志副主编

孟凡斌、杜林夫妇是我上海的好朋友，他们家也是我在上海唯一的“窝儿”。我们因为推广素食而相识、相知、相行。

杜林女士，她做的素食西餐在我看来有几个特点：

1. 简洁得一塌糊涂，大方得一览无余。这是她一贯的做事风格，做起菜来亦复如是。杜林女士做的菜已经达到了“添一分则繁，减一分则不立”的地步，不信你就瞧瞧。

2. 独具匠心。果、蔬、谷、豆，素食的四大金刚，在她手上化平凡为神奇。

3. 除了色、香、味、形之外，还有韵。我想，可能是因为她对小动物的爱心和慈悲心使然。

4. 杜林女士应该算是一位素食油画家、素食版画家、素食雕刻家、素食艺术家，她的美仑美奂素食艺术品端到餐桌上，你都不忍心动手，不忍心下嘴，只能拿着刀叉流口水。

5. 本色。人不怕杂色，就怕本色，杜林女士能找到食材的本味、本色、本性，这个需要很高的造诣。

大家知道，果、蔬、谷、豆，素食的四大金刚，它们本身都有自己的香气和味道。而每个厨师身边都有自己“杀手级”芳香植物调料。需要君（主食材）臣（副食材）佐（主调料）使（副调料）的协同配合、协同作战，才能完成一个国家（一盘菜）的辉煌。而这方面，杜林女士通过她努力地学习中国传统文化，如易经、中医、茶道、花道、香道，已颇有心得，暗合道妙。

本人从十六年前开始推广素食。目前，已经在全国策划了六十家素食餐厅。但素食西餐运营在中国素食餐饮方面一直是薄弱环节。我祝愿孟凡斌、杜林夫妇能开更多的素食西餐厅，毕竟世界和平是从餐桌上开始的。餐桌上无血肉，大地上无硝烟。

是为序。

谢一源
京华人士，普贤堂国学馆馆长，中国秋浦书院首席导师，清华大学总裁硕士班客座教授，中国摄影家协会会员，中国六十家素食餐厅总策划人及文化顾问。

推荐序

虽然我跟 Yoli 在今年春天才认识，但早在 2013 年我就去过 Green Vege。很年轻的美式复古装潢，轻松自由丰富的美食体验，吃完后在朋友圈大呼这是我吃过的最好吃的西式素食，后来每次去上海必定去吃一次。认识 Yoli 后，发现她是一个特别质朴的人，素颜，有趣，能吃，特别享受自己餐厅的食物，一直吃到最后不停的就是她！第一次约饭，上海下着雨，我穿得有点少，她帮我点了菜单上最简约的菜，一道姜黄炒菠菜和核桃油饭，吃完全身都暖了。她对素食的热爱与钻研也影响着我，这几年一直关注着 Green vege 的公众号，上面时常有诱人有趣的菜谱，一直是我学习的对象。同样作为素食餐厅经营者，她在开餐厅过程中的修行，每一阶段的艰难、突破，我都深有同感。

我食素 7 年了，吃素的原因非常简单，想以平等之心对待身边的小动物们，而不是只把它们当成食物。把小动物从餐桌上拿掉，照样可以吃得健康，吃得开心。这本书中收录了很多餐厅的畅销菜品，当然也有我的心头好。非常感谢 Yoli 把这些分享出来，只要拿出耐心尝试去做，在家就可以品尝到素食餐厅的美味。希望你们都能体会到我品尝到美味的无伤害食物的这份喜悦。

小白
素美食书作者，素食传播者，素食餐饮品牌“HaveFun 有饭”创始人

目录

目录

温暖沙拉

花样主食

香料之旅

甜品

H_2O 的华丽变身

果酱

悦性、清静的饮食观

有关素食和健康的问题，现代医学已经完全推翻 20 年前认为素食会引起蛋白质不够的理论，事实上，许多豆子之中富含的植物蛋白比动物蛋白更容易被人体吸收和转化。同时，污染严重的今天，动物性饮食的毒素累积是植物的百倍至千倍。除此之外，即使已经遵行素食的饮食原则，却仍然会面临防不胜防的转基因、除草剂、农药、人工添加剂等隐患。素食者食用过多仿荤制品，或遵行片面的饮食哲学，也都会导致身体的失衡而无法达到以食物疗愈我们身心的目的。

《神农本草经》将药品分为上、中、下三类，上药是最好的药物，其实就是最好的食物，也是最安全，对人最没有危害的食物。下药则是我们现在的草药。而被大众广泛接受和使用的合成西药，则是“毒药”。如果想要不吃“毒药”，就要在我们每天的餐盘中进行革命。

希腊的医学之父希波克拉底有一句名言：你吃什么，你就是什么（you are what you eat）。在这个资讯越来越发达的时代，太多信息告诉我们吃什么会变得健康，只是，生活是一场有关平衡的游戏，世界上没有哪一种神奇食物，可以包治百病。当我们的身体出了问题，一定是某一方面失去了平衡，找到最适合自己的饮食，才是根本之道。

古印度的上主奎师那在《薄伽梵歌》中送给世人健康快乐的饮食良方——悦性饮食。从这个角度出发，食物被定义成三种类型：悦性、变性和惰性。

- **悦性食物**

  悦性的食物包括有机水果、全谷物、蔬菜（除了五辛）、豆类、坚果、温和天然的香料、草药、适量的有机茶。悦性食物容易消化，不易堆积尿酸和毒素，经常食用悦性食物可以帮助我们产生自我肯定和认识，稳定情绪，保持喜悦。

- **变性食物**

  变性食物是在现有的食物种类中占比最多的一种，包括咖啡、浓茶、巧克力、碳酸饮料、酱油、调味料、泡菜、精米精面、膨化食品、糖果。

经常食用变性食物会导致不安的动作和激动的情绪，无法进行自我控制，也无法达到安定的情绪，而我们的下一代，往往都过多的摄入了变性食物。

- **惰性食物**

  惰性食物包括所有的肉类、鱼类、蛋类、五辛、菇类、烟、酒、味精、麻醉药品以及陈旧腐败或放置很久的食物。惰性食物会让我们的身体和心灵完全受到欲望的支配，同时会导致身体倦怠，抵抗力和免疫力下降。

一顿合理的餐食应该富含全谷，配以适量的蔬菜和水果，再佐以少量的坚果和豆类。

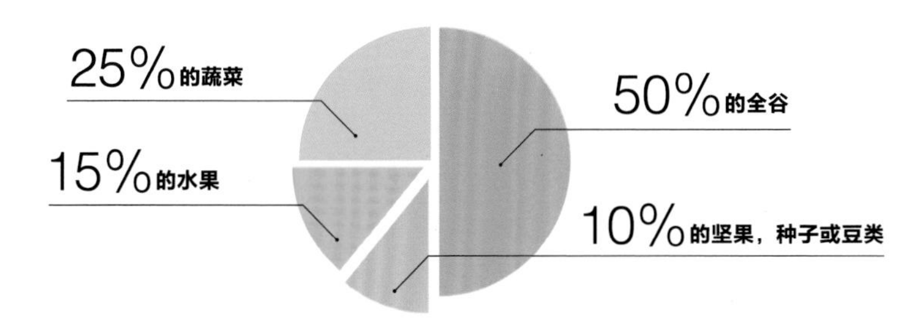

类似“少吃油脂，少吃盐，少吃糖，多吃纤维和复合碳水化合物，特别是从全谷物、豆类、新鲜水果和蔬菜中获取”这样的原则听起来很简单，但如果食物乏善可陈，没有新意，那改变会变成需要毅力去坚持的一件耗力工程。同时，根深蒂固的饮食习惯使得人们难以相信别人的建议能够改善健康，增加幸福感。但如果我们能够做出美味又靓丽的美食，同时循序渐进地作出调整，就能无甚痛苦地作出改变。

喜欢使用本书的朋友，在阅读的过程中会渐渐了解到简单的食物料理规则以及素食对人体的益处，你会惊讶于这些食物对人体的帮助竟然如此之大。除此之外，你还可以了解到，美食家的晚宴也可以在食素者的餐桌上如常举行。同时，我希望这本书可以为你和食物之间搭建起更为开放的关系——食物，不仅仅让我们填饱肚子，获得慰藉，更可以成为修复和疗愈我们身体，让我们重返平衡的微妙能量。

极简工具

我是个极度现实的实用主义者，从来不会买具有设计感却不实用的物品，有多功能的就不会买单一功能的。对于寸金寸土的厨房来说，效率就是第一位。我在这里不多啰嗦普通工具，而是罗列一些可以事半功倍的工具。

工具

1. 锯齿刀

对于素食厨房来说，有两把刀就够了，一把蔬果刀，根据手的大小，合用就好；而一把好的锯齿刀，则可锦上添花，让番茄、面包、柠檬等食物切起来更顺手。我最爱的是价格亲民却物超所值的瑞士Victorinox的刀具，不用悉心呵护，用完后清洗擦干，一段时间用磨刀石打磨一番，就可“一刀永流传”。

2. 砧板

砧板以不发霉、不开裂为标准，木质砧板最佳，经过环保抗菌处理的竹子砧板次之，塑胶砧板勉强可以接受。美国品牌Epicurean的木质砧板是我特别要推荐的，抗霉抗裂耐力，即使在商业厨房的环境下，表现也极其令人满意。

3. 量具和电子秤

一般我自己的料理风格是用料适量，靠目测和手感，但在制作烘焙时，依然需要依赖量具和电子秤的帮助。市面上的量具选择非常多，挑选时要选扎实经用、容易叠放的类型。特别要注意的是，日本产的量杯只有200ml，和国际标准250ml有差别，本书中的1量杯皆指250ml。

4. 压泥器，削皮器

如果你是一个厨内高手，自然可以用刀如神，切出细如发丝的胡萝卜丝或薄如蝉翼的土豆片，否则，还是买入一个多功能削皮器，省时又省力，日本的或欧洲的都很好。我喜欢的JosephJoseph品牌削皮器最大的优点是节省空间，便于收纳。而压泥器，则可以制作出非常具有质感的土豆泥、地瓜泥、豆腐泥等食物。

5. 柠檬取汁器

因为我特别喜欢用柠檬来增加菜肴的风味，所以一个好的柠檬取汁器对我来说是必不可少的工具。JosephJoseph有一款深得我心，巧妙的设计让通常是2件组的柠檬榨汁器瘦身为单件产品，更易存放。

6. 厨房里的法拉利

如果要说厨房里最贵的工具，恐怕就是一台超级马力的vitamix了。这款料理机无论是酱料、浓汤、坚果抹酱还是果汁，都能很好地胜任。如果想要自制市面上的半成品酱料，少了这样的大马力多功能食品料理机是无法完成的。

7. 其他工具

说到其他，那也是说也说不完的。爱做烘焙的，一定少不了打蛋器；爱做日式料理的，一定少不了研磨钵。还有刮面糊最佳利器硅胶铲勺，做巧克力必不可少的双层煮锅，以及捞面器、木质铲勺、漏网、金属夹、磨皮器等。所有工具看上去都可以让我们在厨房工作得更得心应手。总之，工具是没有穷尽，厨房空间有限，购买需要三思。

1量杯＝250ml

1小勺＝15ml

厨房秤

多功能食品料理机

可用于浓汤、酱料、谷奶饮品的制作

推荐品牌：vitamix

手持搅拌机

用于浓汤、酱料的制作

推荐品牌：博朗

压泥器

用于制作淀粉含量较高的泥状食物

打蛋器

好的打蛋器可以让搅拌事半功倍

锯齿刀

适用于切西红柿等连皮蔬果，以及面包等

多功能削皮器

用于切出均匀的片状和条状

柠檬取汁器

取柠檬汁或橙汁

好食材不怕没手艺

好食材就是武功秘笈里的最后招式，如果你厨艺马马虎虎，不会太多花样，只要拥有好食材，照样可以做出味道不错的菜肴。

如果是刚入厨房的新手，在面对超市货架上琳琅满目各种品牌不同价格的油时，一定会不知道如何下手。从健康角度出发，选用油的原则是：

不饱和优于饱和 / 单元不饱和优于多元不饱和 / Ω3 优于 Ω6。

玉米油、葵花籽油的 Ω6 脂肪酸含量最高，Ω3 脂肪酸含量低，常年食用对健康危害较大。

亚麻仁油、橄榄油和芥花油的 Ω6 与 Ω3 比例最佳。其中亚麻仁油和橄榄油中含量最多的单元不饱和脂肪酸，对心脏保护有着积极的作用。

而在蛋糕、饼干等零食中广泛使用的人造奶油、植物奶油或酥油，则是对人体健康危害极大的氢化物，应避免食用。

我经常使用的油有三种：

橄榄油

如果看完这本书，你一定会知道，我家消耗最多的一定就是橄榄油。橄榄油含有丰富的 Ω9，不管热炒、煎炸都不易氧化；它还能维持血液中好的胆固醇值，并具有预防动脉硬化，调节血压、血糖，控制胃酸，改善便秘等功效。在选择橄榄油的技巧上，如果是在国内，无需迷信品牌，生产日期越新鲜越好，酸度在 0.3~0.8 之间为佳。但如果你有机会去欧洲或地中海国家，则一定要尝试一下一些小庄园产的油。

芥花油

如果橄榄油多用于生食的话，芥花油则多用于炒菜和煎炸。芥花油的饱和脂肪酸是所有油类中最低的，同时，它含有丰富的亚麻油酸和次亚麻油酸，对于预防心脏疾病有积极的作用。但在选择的时候，需要特别挑选非转基因芥花油。

椰子油

任谁闻到椰子油的味道都不能抵挡其诱惑。虽然单从热量上看，椰子油比黄油还要高，但是，它抗氧化，抗菌，且富含大量月桂酸（母乳中同等物质），有益脑部发展和增强抵抗力。这样看来，初榨冷压椰子油终究是瑕不掩瑜的好油。

盐

在国内购买到的盐大部分都是加碘盐，对于普通人群来说，是没有必要的，因为这样反而会对肾脏造成过多的负担。所以您如果没有缺碘症状的话，建议现在开始就应该停止食用加碘盐，改用可以轻而易举使料理美味大升级的海盐吧。只要有好油和好盐，就能做出无过无失的妈妈味道的家常料理。另外，甜品里加一小撮盐，口感更丰富。市面上不同品牌的盐确实不少，对我来说，只要是没有添加碘，粗颗粒的海盐都在可选之列。我最常用的是英国的莫顿（Maldon）或日本冲绳岛产雪盐，前者主要用于煮食时衬托出食材本身的美味，后者更易溶化，用于食用时随手增添味道。

柠檬

我最常用的酸味来源是柠檬。柠檬含有天然的抗氧化剂，另外，清新的味道和任何蔬菜都很搭。如果料理中加入了酸味，还可以减少盐的用量，因为酸味会提升咸感。说起柠檬，可是浑身是宝呢。清晨空腹一杯柠檬姜水，是最佳的排毒饮。如果可能的话，记得在挤汁之前磨皮留用，它能在最后一秒挽救一道让人吃过就忘的料理。而代醋使用，更是百战百胜，更别提在沙拉酱和甜品中的广泛运用。除了料理，用柠檬制作的各种柠檬水简直就是我家夏日的日日饮，加入一些气泡水，雪碧瞬间被秒杀。

姜

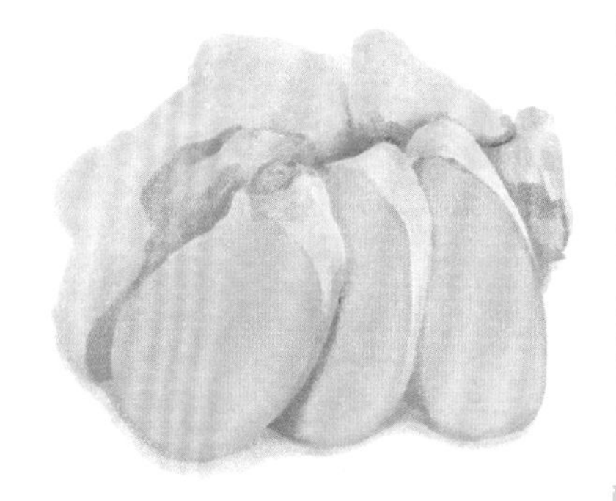

我和孔子一样，不可一日无姜。没有了姜，我就六神无主了。姜泥凉拌菜，姜丝炒青菜，姜片熬姜油，无论是中式还是西式的料理中，我都喜欢加入一些姜来平衡大部分蔬菜的寒性。另外，如果不慎受寒，第一时间喝一杯红糖姜水，是免于后续头背疼痛的最佳治法。姜的储放也极其简单，分配厨房一角予它便可。

基础酱料

意大利国旗的红色、绿色和白色，恰好对应着意大利基础酱料的红酱、青酱和白酱。与其说这是巧合，不如揣测是因为意大利太热爱美食，才用了食物的颜色来象征它的国家吧。

红酱

你会发现，红酱是西餐当中运用得最广泛的酱料之一。比起品种，番茄的成熟度更为重要，新鲜香料的运用也是让红酱更具滋味的秘密之一。每年夏天，我都会趁着番茄又好吃又便宜的时候，做上好几大罐送给友人。这是夏日最好的伴手礼。

食材

A	
橄榄油	**3 大勺**
姜	**1cm 长（切末）**
新鲜罗勒	**1 把**
新鲜牛至	**1 把**
香菜籽粉	**1 大勺**
姜黄粉	**1 小勺**
B	
红椒	**1 个（切丁）**
番茄	**10 个（切丁）**
C	
番茄	**10 个（用搅拌机打成泥）**

步骤

A 取深锅，用小火加热橄榄油，依次放入香菜籽粉、姜黄粉、姜末，翻炒均匀后，放入其他香料，小火煸炒 1 分钟左右。

B 加入红椒翻炒至香后，再放入番茄丁，转中火炒 3 分钟左右。

C 加入番茄泥，转大火，不断搅拌，直到酱汁沸腾后，转小火继续熬煮 30 分钟左右，直到酱汁浓稠。在此期间需要不断搅拌，以免锅底焦糊。

青酱

这是米其林厨师的秘密配方。这个世界上有各式各样美味的酱料，但像北意大利的热那亚所诞生的这个精制的酱料却不多。它不只能用于意大利面、蒸马铃薯、烧烤蔬菜等料理，搭配东方食材，如豆腐、牛蒡、竹笋等也非常适合，真可谓是万能酱料。这个配方来自于一位米其林厨师，我尝试多次，和直接用新鲜香料来制作青酱相比，色泽和醇香味都更胜一筹。

食材

A

意大利荷兰芹	20g
荷兰芹	20g
罗勒	150g

B

特级初榨橄榄油	1/2 量杯
海盐	少许
松子	1/2 量杯（低温炒熟）
现磨黑胡椒	少许

步骤

A 准备一锅冰水，另取一深锅，放至少 1500ml 的水，煮开后放入少许海盐，然后放入意大利荷兰芹、荷兰芹、罗勒，烫软后立刻捞出泡入冰水中。

B 在搅拌机内把 B 材料和处理过的意大利荷兰芹、荷兰芹、罗勒加 1 ~ 2 小勺冰水，一起搅拌成酱料即可。

白酱

我特别喜欢美乃滋这个翻译，让人产生吃完美滋滋的愉悦联想，而这款酱料也是餐厅里面最受欢迎的一款酱料。无论搭配三明治，还是做成超满足感的意面沙拉，美乃滋都是不可或缺的重要元素。

纯素奶酪

A	
鹰嘴豆粉	40g
芥花油	45ml
豆奶	600ml
酵母精华	1 小勺

B	
芥花油	100ml

A 锅内加热芥花油，放入鹰嘴豆粉翻炒，然后加入豆奶，用打蛋器边加热边搅拌，直到锅内液体微微冒泡。关火后，加入酵母精华，搅拌均匀。

B 把酱料倒入料理机中，打开料理机，由低速慢慢旋转至高速，缓缓加入 B 中芥花油，直到酱料成浓稠半凝固状。

比传统蛋黄酱更美味的纯素美乃滋

豆奶	1 杯
柠檬	1 个（取汁）
粗粒大藏芥末	2 大勺
海盐	2 小勺
枫糖酱	2 大勺
非转基因芥花油	2 杯

把除了油以外的所有材料放入料理机。打开机器，旋转至高速后，缓慢倒入油，直到搅拌机内的液体乳化成半固体状。做完的酱料可在冰箱中冷藏保存 5 天。

节气浓汤

西餐中经常会出现汤料理，这些汤料理通常都是浓汤。西式浓汤选得好，通常可以让一整餐都增色不少。同时温暖身体和心灵，这是一碗好汤的标准。

春日田园冬菜汤

当我 2008 年在中东的一家餐厅里品到雪里蕻时，那种惊讶是可想而知的。成为常客后，便和厨师熟悉起来，他是一位很可爱的年轻日本师傅，对家乡的思念变成了他料理中不断创新的灵感源泉。这个世界上，大概味觉的美好记忆，是无论到哪里都不会忘怀的吧！这款汤，在盛产蚕豆的季节，可以把青豆仁换成蚕豆瓣，味道也相当不错。即使平时吃不惯西餐的老人家，在品尝这款汤时也赞不绝口呢！

份量：4 人份

A

橄榄油	3 大勺
姜	2 片（切末）
雪里蕻咸菜	50g（切碎）
胡萝卜	1 个（切块）
土豆	1 个 （切块）
水	800ml

B

西葫芦	1/2 个（切块）
青豆仁	150g
海盐	1/4 小勺

C

松仁	50g（小火炒香）
薄荷叶	4 枝 （叶片撕碎）
现磨黑胡椒	适量

A 锅内热油，依次放入姜末、咸菜、胡萝卜、土豆，翻炒 3 分钟左右，直到土豆微微变焦。倒入水，大火烧开后转中小火煮 15 分钟左右。

B 放入西葫芦，继续煮 3 分钟。放入青豆仁，继续煮 3 分钟，放入盐，闭火。从汤锅内取出 1/3 的固体食材，剩余的部分用手持搅拌机搅拌成浓汤，然后把取出的固体食材再倒回汤里。

C 取 1/4 的汤装入容器，撒上炒香的松仁、黑胡椒，最后以撕碎的薄荷叶装饰。

青蔬浓汤佐柠檬鹰嘴豆

清明一过，去乡野踏青时，我就被满眼的绿色感动。但凡绿色的蔬菜，没有哪一个是我不爱吃的。姜和绿色蔬菜，就应该是春天餐桌上的常客。羽衣甘蓝的钙质和铁质都非常优秀，但如果购买不到，也可以用莴笋叶替代。
份量：4 人份

食材

A

特级初榨橄榄油	3 大勺
姜	5g（切末）
土豆	1 个（切片）
蔬菜高汤	600ml

B

西兰花	半个（切小块）

C

芦笋	100g（去皮切小段）
羽衣甘蓝	50g（切小段）
海盐	适量
黑胡椒	适量

D

煮熟的鹰嘴豆	100g
柠檬汁	1 小勺
海盐	适量
中东芝麻酱	1 大勺

步骤

A 锅内放橄榄油，放入姜末，以中火煸炒半分钟后，放入土豆，继续翻炒 3 分钟，直到土豆微微变焦。倒入蔬菜高汤，煮开后，转小火，煮 20 分钟左右。

B 放入西兰花，水开后继续煮 5 分钟。

C 放入芦笋和羽衣甘蓝，水开后，继续煮 2 分钟，闭火，放入海盐和黑胡椒，然后用手持搅拌机把汤打匀。

D 混合鹰嘴豆、柠檬汁和中东芝麻酱。把适量的浓汤分装进盘子，上面放入调过味的鹰嘴豆。

胡萝卜红薯汤配羽衣甘蓝和茄子

深秋的胡萝卜和红薯都极为甘甜，质地也比盛夏的时候更为绵密，所以我们在街头满是烤红薯的季节经常会做这款温暖的汤。每次喝完都感觉好像阳光晒背一样舒服。而众多咖喱香料和大量姜的运用，使普普通通的当地食材马上多了一抹异域风情。西式浓汤想要吃得不无聊，一定记得尝试放一些与浓汤口味搭配的佐料。这样无论是口感，还是饱腹感，都大大地增强了呢！偷懒的时候，一碗好汤再搭配一片裸麦面包，就是愉悦的一餐。

份量：4 人份

A

姜	2 片（切末）
特级初榨橄榄油	3 大勺
马萨拉粉	1/2 小勺
胡萝卜	2 根（去皮切片）
红薯	1 个（去皮切片）
蔬菜高汤	800ml
百里香	4 枝
海盐	1/4 小勺
现磨黑胡椒	适量

B

特级初榨橄榄油	2 大勺
茄子	1 个（切小块）
海盐	1/4 小勺
现磨黑胡椒	适量

C

羽衣甘蓝	6 根（取叶去茎）
特级初榨橄榄油	1 大勺
海盐	1/8 小勺
姜黄粉	1/2 小勺
茴香粉	1/4 小勺

预热烤箱到 230℃。

A 小火加热橄榄油，放入姜末和马萨拉粉，闻到香味时放入胡萝卜和红薯。转中火，翻炒 3 分钟左右，加入蔬菜高汤和百里香，煮约 15 分钟，直到胡萝卜和红薯软烂。闭火前放入海盐和黑胡椒。挑出食材中的百里香枝条，用手持搅拌机搅拌均匀。

B 在煮汤的过程中，把橄榄油和调味料加入茄子中搅拌均匀，放入烤箱烤 7 分钟，直到茄子变软微焦。

C 锅内中火热油，放入姜黄粉和茴香粉，炒出香味后放入羽衣甘蓝，快速翻炒半分钟。羽衣甘蓝出水变软后即离火，放入海盐和 B 中的茄子，翻炒均匀。取 1/4 的汤倒入器皿中，中间放上羽衣甘蓝和茄子。

变化：马萨拉粉如果买不到，可以用其他混合咖喱粉替代；羽衣甘蓝也可以用当季其他略带苦味的绿叶菜代替，或者撒上一些香菜，都是很速配的组合。

泰式椰浆杂菜汤

冬阴功汤是我个人最喜欢的汤之一，口感酸爽，无论何时都是打开胃口的好选择。这款素食版的冬阴功，选择用鹰嘴豆来做高汤。这个做法的高汤，口味清淡中带着鲜甜，用来做清汤类菜品都非常适合。
份量：2~4 人份

A

鹰嘴豆	100g
水	1300ml
红枣	3 个
干香菇	1 个

B

香茅根	6 个（切碎）
良姜	5cm 长（去皮切碎）
柠檬叶	5 片
罗望子酱	100ml
芥花油	1 大勺
小米椒	2-4 个
黄糖	80g
酱油	2 大勺
青柠	2 个（取汁）

C

豆腐	1/2 块（切成 1cm 见方的方块）
樱桃番茄	8 个（对半切）
西兰花	1/3 个（切成小朵）
香菜	1 把（洗净切碎）
青柠	1 个（纵向切成青柠角）
椰浆	适量

A 干香菇洗净后用 1300ml 水泡发，然后加入鹰嘴豆和红枣，隔夜用文火炖煮 8 个小时以上，滤出高汤，高汤大约在 1000ml 左右。

B 锅内热油，爆香香茅根、良姜，加入高汤和其他食材，煮开转中火。

C 加入豆腐、番茄和西兰花，煮约 5 分钟左右，熄火，试味，适当调整。装盘，撒上香菜，放上青柠，根据个人口味倒入适量椰浆。

牛油果青瓜冷汤

食物在烹饪过程中确实会流失部分维生素、矿物质和活性酶。然而，我并不赞同完全生食的饮食观，不顾时节一味生食会伤害脾胃，导致人体的消化和吸收系统功能障碍。所以只有在蔬果最成熟的夏季，我才会偶尔做一些生食的料理，并且在中午的时候享用。 这道牛油果青瓜冷汤，虽然是冷汤，但因为加了芥末和姜，仍然具有发散的功效，适合夏天食用。

份量：4 人份

A

食材	用量
牛油果	2 个（切丁）
荷兰黄瓜	4 根（切丁）
尖椒	1/2 个（去籽，切丁）
香菜	100g（切碎，部分作装饰）
姜	5g（去皮，切末）
芥末膏	1 小勺
青柠檬汁	2 大勺
黄柠檬汁	2 大勺
矿泉水	1/2 量杯
海盐	1 小勺

B

食材	用量
水萝卜	1 个（切薄片）
番茄	1/2 个（去皮切丁）
薄荷叶	8 片

A 把所有食材放进料理机中搅拌均匀，试味，如有必要，调整咸淡。

B 把汤分入杯中，以水萝卜片、番茄丁和薄荷叶装饰。

白萝卜杏仁藜麦汤

这款运用东方食材的浓汤，除了口感甘润之外，还有很好的润肺强肾之功效。霜降后的萝卜更显甘甜，水分充沛，搭配藜麦的口感令人回味。
份量：4 人份

A

特级初榨橄榄油	2 大勺
姜末	10g
香菜籽粉	1 小勺

B

白萝卜	1 个（去皮切片）
杏鲍菇	1 个（切片）
杏仁	20 颗（隔夜浸泡，去皮）
水	800ml

C

海盐	1 小勺
白胡椒	适量
煮熟的藜麦	1/2 量杯
芽苗	适量

A 锅内放入橄榄油小火加热，加入其他材料小火爆香。

B 加入除水之外的其他材料翻炒 2 分钟，然后加入水，盖上锅盖。煮开后转小火，煮 30 分钟左右。

C 当汤内食材软烂后，加入海盐，倒入搅拌机内搅拌成浓汤，混入藜麦，以芽苗装饰。

Everyday superfood

藜麦

自从知道了藜麦的好处之后，我不可救药地爱上了这种好吃好做好可爱的食材，无论是饭、粥、汤、沙拉或者是意大利面里，我都愿意加一把煮熟的藜麦。加入糕点做成麦芬，也增加了极好的 QQ 口感。

藜麦之所以被誉为超级食物，是因为它被认为是最适合人类的完美全营养食物，富含优质而完全的蛋白质、多种氨基酸、不饱和脂肪酸和 B 族维生素等有益物质，零胆固醇，低脂，低糖。因其易于吸收，儿童和老人都可以消化。

椰香南瓜汤

温暖讨喜的南瓜汤是最适合餐厅的浓汤。椰浆和腰果为纯素的南瓜汤注入了温润的满足感，同样的做法也适合红薯、莲藕、土豆等其他根茎类蔬菜。
份量：4 人份

A

去皮南瓜	700g（切片，蒸熟）
煮熟的糙米	1/2 量杯
椰浆	400ml
热水	700ml
海盐	1 小勺
黑胡椒	1 小勺

B

特级初榨橄榄油	2 大勺
新鲜百里香	1 枝
姜末	1 大勺

C

芽苗	适量
椰浆	适量

A 把所有材料倒入料理机搅拌成浓汤，调整水量到想要的浓稠程度。

B 以小火加热橄榄油，低温炒香所有其他材料后，把香料油混入南瓜汤。

C 以芽苗和椰浆装饰。

快手小食

在餐厅，我们会根据季节推出不同的开胃菜和配菜，客人常常对这些小东西都赞叹不已。其实有一些是非常容易在家操作的，这些食谱可以让您在准备家宴时多一份精致。无论是正式的套餐，或是随意的自助式菜肴，都能让您的宾客或亲朋打开味蕾。

烤彩椒吐司塔

去了皮的彩椒经过橄榄油的浸润，会产生一种令人满足的甘甜回味。
份量：2 人份

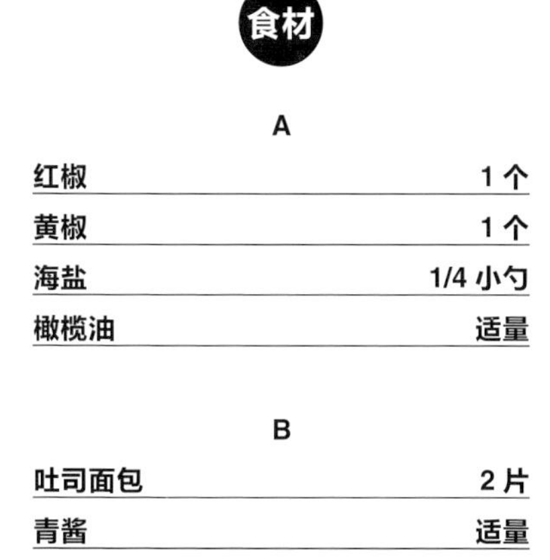
食材

A

红椒	1 个
黄椒	1 个
海盐	1/4 小勺
橄榄油	适量

B

吐司面包	2 片
青酱	适量

A

1. 给彩椒去皮。预热烤箱到 210℃。

2. 把彩椒放入烤箱烤 10 分钟后，翻面再烤 10 分钟，直到两面都焦黑。

3. 把烤好的彩椒放入器皿内，盖上保鲜膜，等待自然冷却后，去皮。

4. 把去了皮的彩椒纵向切成 2cm 宽的长条，撒上海盐，浸在橄榄油中。

B

1. 吐司面包去边后切成 2cm x 2cm 的方块，放入烤箱烤 3 分钟。

2. 在烤完的面包上抹上适量青酱，卷起一个去皮彩椒，用牙签和面包固定在一起。

牛油果塔塔

这款前菜好吃的秘诀还是适时。夏日里从枝头摘下的成熟番茄，搭配刚好成熟的牛油果，配上玉米片或者苏打饼干，成就了无论如何也很难拒绝的一道前菜。

份量：2 人份

A

成熟番茄	1 个（去瓤切丁）
成熟牛油果	2 个
酸黄瓜	50g（切丁）

B

青柠檬	1/2 个（取汁）
特级初榨橄榄油	1 大勺
海盐	1/8 小勺
现磨黑胡椒	适量
香菜	2 枝（切末）

C

微型芽苗	适量

A 牛油果 1个去皮切丁，1个压成泥，与番茄丁和酸黄瓜丁混合。

B 混合所有材料，搅拌均匀，混入材料 A 和 B，轻轻搅拌均匀后，用直径为 6.5cm 的圆形模具定型装盘。

C 以微型芽苗装饰。

鹰嘴豆泥迷你蔬菜

中东鹰嘴豆泥的基础材料是鹰嘴豆、中东芝麻酱和特级初榨橄榄油。它和各类蔬菜都很速配，最偷懒的做法就是把蔬菜切成条形，蘸酱料直接食用。如果选用迷你蔬菜或芽苗装盘，亦可做出餐厅效果的精致菜肴。

份量：1 人份

A

鹰嘴豆	100g（煮熟）
特级初榨橄榄油	45ml
柠檬汁	180ml
中东芝麻酱	23g
海盐	2g
孜然粉	1 小勺
煮鹰嘴豆的水	适量

B

迷你红菜头	1 个（切片）
迷你胡萝卜	2 个（去皮）
荷兰黄瓜	1 个（刨长片卷起）
茴香叶	1 小撮
樱桃番茄	3 个（对半切）
水萝卜	2 个（对半切）
抱子甘蓝	2个（对半切，盐水汆烫3分钟）

A 把所有材料放入料理机打成鹰嘴豆泥。可适当调整橄榄油量，或加入适量煮鹰嘴豆的水。

B 把 3 大勺鹰嘴豆泥放在盘底，把材料 B 中的蔬菜摆在上面，淋上少许橄榄油。

Everyday superfood

鹰嘴豆

鹰嘴豆已经成为全世界营养餐厅里必然出现的小食之一，因其制作方便，又超级营养。它被称作豆中之王，具备人体需要的 8 种氨基酸，其蛋白质含量在人体中的吸收率是所有豆类中最高的，富含铬元素，在帮助糖代谢和脂肪代谢中发挥着积极的作用，而它富含的异黄酮可以令女性皮肤保持水润，心情保持愉悦。

但如果不好吃，再有营养的豆子大概也无人问津。偏偏鹰嘴豆兼具营养和美味，我们用它来制作的素奶酪酱，经常骗倒一大批人。

鹰嘴豆素奶酪

鹰嘴豆	**100g（浸泡 8 小时，煮至软烂）**
腰果	**100g（浸泡 8 小时）**
矿泉水	**1 杯**
酵母精华	**1 小勺**

1 把以上所有食材放入搅拌机内高速搅拌均匀即可，可根据需求调整水量。放入洁净的罐中，可冷藏保存 3 天。

2 配方中没有加盐，一来酵母精华本身咸度极高，二来如果吃不完，还可以做成甜品。总之，像这样的天赐恩物就应该快快吃完。

TREES
CHILDREN

味噌酱烤豆腐

味噌加上酱油经过烧烤，会释放出独特的焦糖味，搭配绵密的木棉豆腐，味道绝佳。冬天的时候，我们都会大量地做这道菜作为员工餐。可即便做得再多，想再回来多夹一块时，总是盘子空空。

份量：2 人份

食材	
木棉豆腐	1 块
（切成长、宽 5cm，高 1.5cm 的块状）	
味噌	2 大勺
浓口酱油（或老抽）	1 小勺
枫糖浆	1 大勺
热水	1 大勺

烤箱加热到 210℃。把材料用勺子调和成均匀的糊状，涂抹在木棉豆腐上，放在烤盘里，进入烤箱烤 6~8 分钟，直到表面味噌散发出焦糖味。

杏鲍菇小茄串

熟透的樱桃番茄经过炙烤后有一种令人惊讶的甜润感，裹上薄薄一层杏鲍菇，搭配青酱，就是宴会上很受欢迎的小食。

份量：1 人份

A

杏鲍菇	1 个（用锯齿刨片器刨成薄片）
樱桃番茄	12 个
特级初榨橄榄油	适量
海盐	适量
黑胡椒	适量

B

青酱	适量

A

1. 把樱桃番茄放在杏鲍菇里面卷起，用牙签插入固定，重复上述步骤，串成 4 串。

2. 用刷子在番茄串上刷上橄榄油，放入预热到 210℃的烤箱烤 6 分钟，然后撒上适量海盐和黑胡椒。

B 盘子内摆放上杏鲍菇小茄串，淋上适量青酱，冷热皆宜。

芦笋春卷

我们喜欢芦笋炸过之后脆脆的口感，所以只裹上薄薄一层春卷皮，快速油炸，锁住芦笋的鲜甜。

份量：1 人份

A

纯素美乃滋	2 大勺
酸黄瓜	2 片（切小粒）
杏鲍菇	2 片（汆水后切粒）
大藏芥末酱	1 小勺

B

芦笋	4 根（去根，去老皮）
春卷皮	4 张
橄榄油	适量

A 混合所有食材，搅拌均匀，制成塔塔酱备用。

B 根据春卷皮大小，把芦笋切成适当的长度，比春卷皮直径长约 1.5cm。然后用春卷皮裹住芦笋（春卷皮只裹一层），切去多余部分，放入油温在 180℃左右的油中炸 1 分钟。取出，用厨房纸吸去多余油分，配上塔塔酱一同享用。

藜麦豆渣丸

豆渣丸是一种用鹰嘴豆做成的丸子，我喜欢加入一些藜麦，让它的口感更湿润和柔软。蘸酱可以根据情况随意调整，但是小朋友最喜欢的一定是酸甜甜的番茄味。

份量：4 人份

A

豆渣	1/2 量杯
香菜末	1 量杯
鹰嘴豆粉	1/2 量杯
葛根粉	2 大勺
海盐	1/4 小勺
柠檬汁	1 大勺
芥花油	2 大勺
孜然	1 大勺

B

藜麦	1 量杯（煮熟沥干）
水	适量

C

芥花油	适量（用于煎炸）

D

红酱	1/2 量杯

A 把 A 中的所有食材用手持搅拌机搅拌均匀。

B 混入 B 中材料，如果太干，加适量水。用勺子取适量藜麦豆渣，搓成直径 2cm 的小球状，放置备用。

C 深锅内加热油至 180℃左右，放入适量藜麦豆渣球，炸 3 分钟左右，直到表面金黄，取出沥干。

D 加热番茄酱，装入器皿，丸子置于其上。

紫苏牛油果炸豆腐

紫苏是药食同源的好食物，常常可以起到祛风驱寒的作用。它和山葵、牛油果搭配，会令牛油果产生类似生鱼片的口感，常常令初试素食的人惊讶，原来素食也有这样的味道。

份量：2 人份

A

日本淡口酱油	1/2 量杯
味淋	1/2 量杯
水	1 量杯
新鲜山葵	1 小段（磨泥）
紫苏叶	7 片（切碎）
现磨黑胡椒	适量

B

牛油果	1 个
樱桃番茄	10 个（对半切）
木棉豆腐	1 块
太白粉	适量
葡萄籽油	适量（用于油炸）
白萝卜	1/4 个（磨泥）

步骤

A

1. 混合酱油、味淋和水，加热至沸腾后，转小火继续煮 3 分钟，关火待凉。

2. 加入适量山葵泥（也可以用市售芥末膏代替山葵泥）、紫苏叶和黑胡椒。

B

1. 牛油果对半切，用小刀纵向划成宽 0.7cm 的竖条，用勺子挖出果肉，备用。

2. 木棉豆腐用模具压成圆形或切大块，裹上太白粉，放入加热到 180℃的葡萄籽油中炸到表面金黄。

3. 樱桃番茄放入 210℃的烤箱中烤 5 分钟。

4. 碗中放上油炸豆腐，上面斜铺半个牛油果片、樱桃番茄和白萝卜泥。倒入适量 A 中调好的酱汁，趁热享用。

Everyday superfood

牛油果

牛油果是最近大行其道的热门水果。一个中型牛油果的热量高达731卡路里，脂肪含量超过30克，但这些完全阻碍不了女生们对它疯狂的喜爱，我们全家也都是牛油果的忠实粉丝。因为比起它的高热量，它所含的不饱和脂肪酸不仅可降低胆固醇，还可以分解脂肪，预防高血压和动脉硬化。但牛油果对人体的益处与它在料理中的表现相比较，后者更令我无法抗拒。

说牛油果娇贵，也有一定道理，一定要在恰到好处的时机吃它，才能领略到其迷人的风味。把它放在大米中，或者与香蕉、苹果一起存放，可以帮助牛油果快一点成熟。

牛油果搭配酱油和辣根就是植物版的生鱼片。因此，夏日的时候，我们制作寿司饭时一定会搭配牛油果一起享用。

牛油果也可以添加到任何一款沙拉里面，来补充营养和丰富口感。

也有一些人觉得牛油果难以下咽，那就做成沙拉酱、意大利面酱料、果昔或者用在甜品中。

盘子里的意大利

在罗勒与番茄都繁盛的季节一定要尝试这道前菜，再厉害的调味也比不过天地之气，因此要以最简单的调味来赞美夏日。

份量：2 人份

A

食材	用量
番茄	1 个（切成 6mm 的厚片）
日式木棉豆腐	1 块（切成 6cm 的圆片）
青酱	适量
新鲜罗勒叶	2 片

B

食材	用量
特级初榨橄榄油	适量
海盐	适量
黑胡椒	适量

A 按照一片番茄、一小勺青酱、一片木棉豆腐、2 片罗勒叶的顺序，在盘子里把食材按次序排开。

B 均匀撒上海盐、黑胡椒，淋上特级初榨橄榄油。

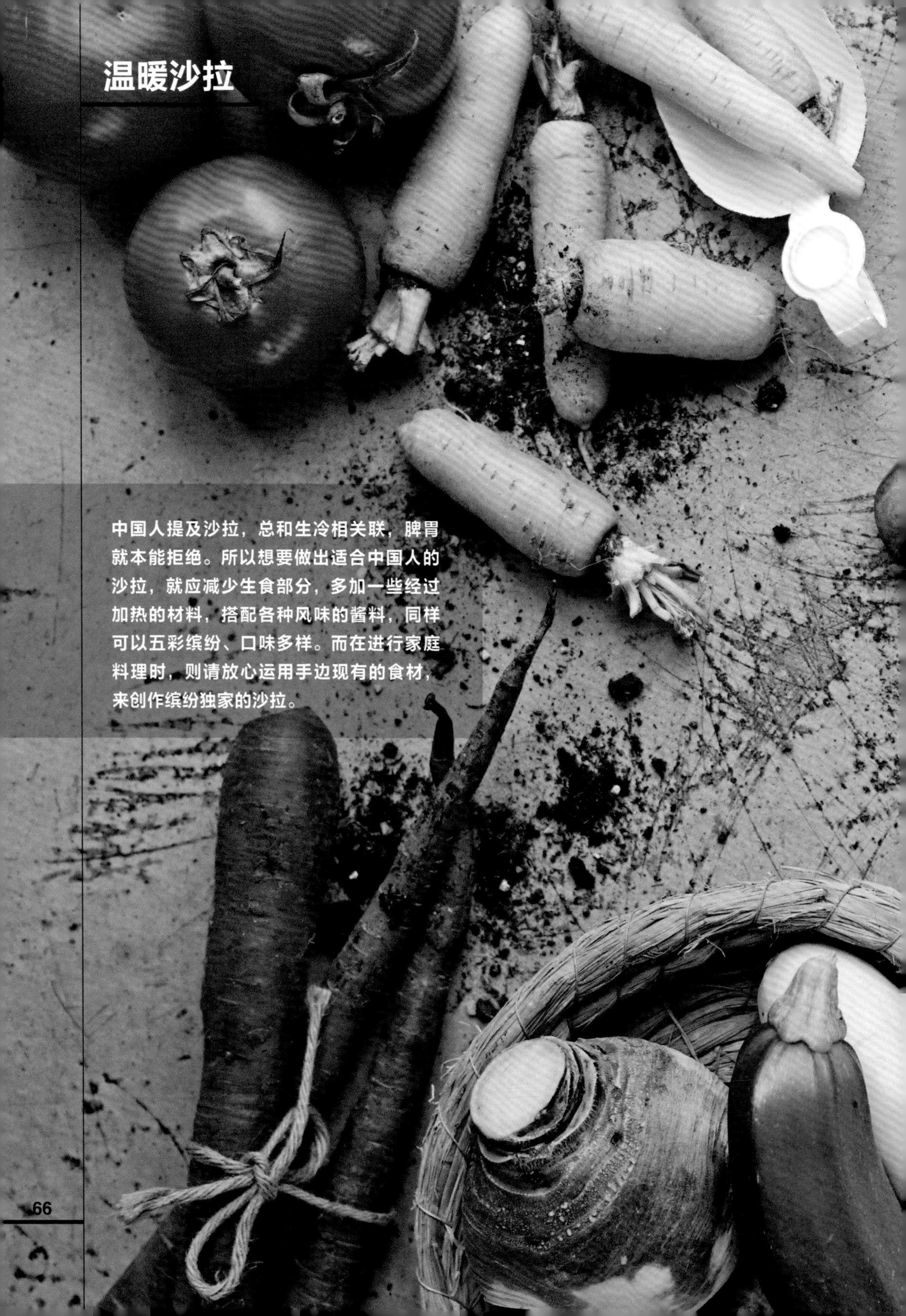

温暖沙拉

中国人提及沙拉，总和生冷相关联，脾胃就本能拒绝。所以想要做出适合中国人的沙拉，就应减少生食部分，多加一些经过加热的材料，搭配各种风味的酱料，同样可以五彩缤纷、口味多样。而在进行家庭料理时，则请放心运用手边现有的食材，来创作缤纷独家的沙拉。

酸甜草莓黑醋酱

（无油）

一家好的西餐厅，一定会有它的招牌酱料。在普素，我们的招牌酱料是酸甜草莓黑醋酱，成份有机天然，无油低钠无麸质，不止一次被人问及如何制作。其实制作的方法极其简单，选好食材，交给搅拌机就完美收工。

草莓果酱	1/4 量杯
意大利葡萄黑醋	1/8 量杯
生抽	1/2 小勺
（如无麸质过敏问题，可用禾然减盐酱油替代）	
柠檬汁	4 大勺（1 个）

用料理机把以上食材搅拌均匀即可。

果味油醋香草酱

夏天的时候，把沙拉菜和当季水果搭配起来，淋上这款清爽的油醋汁，是我没有胃口时的最佳一餐。

特级初榨橄榄油	2 量杯
柠檬汁	1/2 量杯
意大利混合香草	1 小勺
红椒粉	2 小勺
海盐	2 小勺
现磨黑胡椒	1 小勺
橙汁	1/2 量杯

混合以上食材，用打蛋器搅拌至稍黏稠的乳化状态。

日式和风沙拉酱

和任何沙拉菜都很搭配。

白芝麻	1/4 量杯（低温烘焙）
淡口酱油	3/4 量杯
水	1/4 杯
柠檬汁	2 大勺
味淋	1 量杯（煮沸至半杯）
日本七味粉	1/2 小勺

把以上食材放入料理机内，以间歇性方式，搅拌 3 次。使用前摇匀即可。

除了作为沙拉汁，还可当作凉面蘸料。

每个厨娘都该有的独门沙拉酱

能不能让对方瞬间爱上你做的沙拉，关键之处在于酱料。学会如何做出不同口味的沙拉酱料，你就再也不会被超市琳琅满目的进口酱料所忽悠啦！

印尼风味花生酱

搭配炒卷心菜、黄瓜、番茄、豆芽、豆腐等就是著名的加多加多沙拉。

花生酱	1/2 量杯
水	2 大勺
芥花油	1 大勺
柠檬汁	2 大勺
椰糖（红糖）	1 大勺
盐	1/4 小勺
酱油	2 小勺
椰酱	1/2 量杯

花生酱用水化开后与其他食材一起搅拌均匀。

腰果沙拉酱

想要奶油般的润滑口感，选做这款沙拉酱就对啦。

生腰果	1/2 量杯
水	1 量杯
柠檬汁	2 大勺
海盐	1/2 小勺
枫糖酱（蜂蜜）	2 大勺

把除了柠檬汁以外的其他食材用料理机打匀之后，用小火加热，不断搅拌，直到沸腾，挤入柠檬汁。

味噌芝麻酱

与汆烫过的青菜是速配。

白芝麻酱	2 大勺
味噌	1 大勺
红糖	1/2 小勺
淡口酱油	1 小勺
米醋	1 小勺
姜末	1 小勺
热开水	1/4 量杯

用热开水把味噌化开后与其他食材搅匀。

薄荷酱新土豆沙拉

新土豆上市的时候，我们会用各种方式来吃土豆。这款清新的暖沙拉是我个人极其钟爱的一道治愈系料理，每次心情低落的时候，它总能让我打起精神。除了芦笋以外，豌豆、甜豆、刀豆、蚕豆也可入菜。总之，只要是春天的食材，似乎和土豆没有做不了伴的。

份量：2 人份

A

中等大小的新土豆	2 个
	（600g 左右，蒸熟）
毛豆	100g

B

薄荷叶	1 量杯
姜	5g（切末）
特级初榨橄榄油	1 量杯
柠檬汁	2 大勺
松仁	1 量杯（小火烘香）
海盐	1/2 小勺

C

木棉豆腐	150g（碾碎）
微型芥末芽苗	适量
海盐	适量
现磨黑胡椒	适量

A 把蒸熟的土豆碾碎，保留大小不均的块状。毛豆用盐开水烫 8 分钟后过冰水，待用。

B 留出一些薄荷叶和 1/3 杯的松仁，把其他材料放入搅拌机打成酱料。

C 把酱料加入 A 的材料中，搅拌均匀。装盘后，撒上豆腐、松仁、芽苗和留出的薄荷叶，适量放入黑胡椒和海盐。

中东小米蔬果沙拉

市售的中东小米非常易熟，适合做成快捷又好吃的主食沙拉，冷热皆宜。里面的蔬菜可以按照五行颜色来随意搭配。配料中的香料除了增加口味，还有平衡寒热的功效。如果省略香料，姜和黑胡椒的配比就需多一些。

份量：2 人份

A

中东小米	100g

B

特级初榨橄榄油	3 大勺
香菜籽粉	1 小勺
姜黄粉	1 小勺
孜然粉	1 小勺
姜	1cm 长段（磨成姜泥）
海盐	1/4 小勺
现磨黑胡椒	适量

C

红彩椒	1/4 个（切丁）
黄彩椒	1/4 个（切丁）
绿节瓜	1/2 个（去瓤切丁）
煮熟的鹰嘴豆	1 杯（碾碎）
苹果	1 个（切丁）
葡萄干	1 把
南瓜籽	1 把（微火烤香）
柠檬汁	2 大勺
海盐	1/4 小勺
酸豆	1 大勺（切碎）

A 锅内放入至少 1000ml 的水，倒入中东小米，按包装上的时间说明煮熟，沥干。

B 锅内小火热油，加入 3 种香料和姜泥炒香后，加入海盐和黑胡椒，拌入中东小米中。

C 彩椒和绿节瓜以中火炒 2 分钟左右，断生即可，与其他食材一起放进中东小米中，搅拌均匀。

凯撒沙拉

传统凯撒酱用大量黄油和鸡蛋，看似轻盈的沙拉暗藏着高脂肪和不良胆固醇。而纯素凯撒酱巧妙运用豆腐，制造出丰富的口感，搭配橄榄油和香料烤出的面包脆，依然稳坐沙拉菜单中的龙头老大。

份量：2 人份

A

纯素美乃滋	1 量杯
绢豆腐	1 盒
俄式酸黄瓜	2 根
酸豆	2 大勺
大藏芥末酱	2 大勺
寿司海苔	2 大张

B

意大利拖鞋面包 1 个（切 2cm × 2cm 丁）	
特级初榨橄榄油	4 大勺
干燥罗勒碎	1 小勺
干燥牛至碎	1 小勺
现磨黑胡椒	适量

C

罗马生菜	1 棵

A 用搅拌机把所有材料搅拌成凯撒酱。

B 烤箱加热至 180℃，均匀混合 B 中食材，让面包丁均匀包裹上香料后，放入烤箱中烤约 5 分钟，至表面干脆。

C 食用生菜前才掰碎生菜叶，加入适量凯撒酱和香草面包丁混合均匀，即刻享用。

生节瓜丝沙拉

这样的“盗版”意大利面在生食界很是流行呢，我只有在炎夏的中午才会吃这道爽口无油的料理。芒果的热性和薄荷的辛凉刚好平衡，如果没有节瓜，也可用西葫芦代替节瓜来制作这道料理。

份量：2 人份

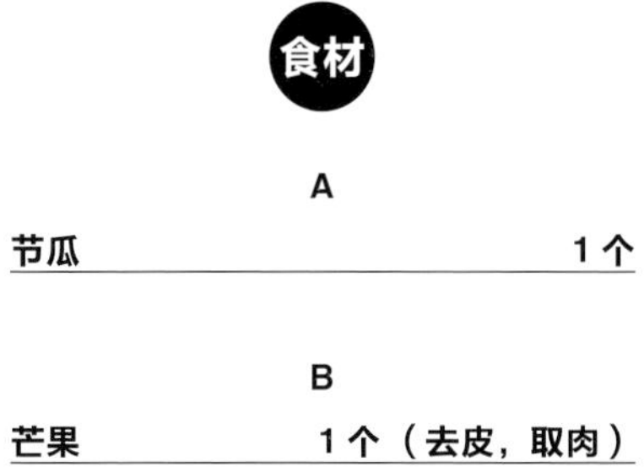

食材

A	
节瓜	1 个
B	
芒果	1 个（去皮，取肉）
绢豆腐	100g
薄荷叶	10 片
罗勒叶	5 片
姜	3cm 长（去皮切碎）
柠檬汁	1 大勺
海盐	1/2 小勺
C	
松子	1 把（平底锅小火炒香）

步骤

A 用锯齿削皮器削成细条状备用。不食生者，可用热水汆烫节瓜丝，断生后用冰水过凉。

B 用搅拌机把 B 中材料搅拌成芒果薄荷酱料。

C 均匀混合 A 和 B，撒上松子。

奇亚籽甘蓝碧根果沙拉

你当然可以把抱子甘蓝一切为二，烤一下或煮一下，可相信我呦，刨成细丝的抱子甘蓝，特别是微焦的口感，一定会给你极大的回报。
份量：2 人份

A

抱子甘蓝	200g（刨成细丝）
紫甘蓝	100g（刨成细丝）
姜段	1cm （去皮切末）
特级初榨橄榄油	2 大勺
海盐	小撮
现磨黑胡椒	适量

B

柠檬汁	1 大勺
酸豆	1 小勺（切碎）
新鲜欧芹	2 枝（取叶切末）
新鲜百里香	1 枝（取叶）

C

无花果干	6 个（切片）
碧根果仁	30g（小火烘香，压碎）
芝麻菜	10g
奇亚籽	10g（小火烘香）

A 平底锅中火加热油，放入姜末爆香后，放入卷心菜丝，不断快速翻炒，炒至微微焦黄时，放入海盐和黑胡椒。以同样的方式加热紫甘蓝丝。

B 把 B 中材料加入上述步骤得到的食材，混合均匀。

C 沙拉装盘，撒上 C 中的材料。

Everyday superfood

抱子甘蓝

很久以来，我一直用对待卷心菜的方式来处理抱子甘蓝，认为它就是迷你版的卷心菜。事实上，这也没错，对半切，烤或者煮，沙拉或者炒菜，只是差一点点的惊艳。作为厨师，当然要挖掘把食材美味发挥到极致的做法，于是就有了上页的这款简单却好吃到停不下来的沙拉。

事实上，除了在口味上更显柔嫩，抱子甘蓝在营养上的表现也非常突出。它的小叶球蛋白质含量是所有甘蓝类蔬菜里最高的，维生素 C 的含量也极高。所以，如果夏天晒黑了，想到秋冬白皙透亮，记得要多吃一些像抱子甘蓝这样的蔬菜呀。

羽衣甘蓝牛油果南瓜沙拉

这道沙拉是餐厅里最受欢迎的一道暖沙拉，微苦的羽衣甘蓝、甜糯的南瓜，以及人气水果——牛油果在口感上形成完美的平衡。如果买不到羽衣甘蓝，可以用塔菜、油麦菜等微苦蔬菜替代。

份量：2 人份

A

特级初榨橄榄油	1 大勺
意大利葡萄黑醋	1 大勺
草莓果酱	1 大勺
天然酿造酱油	1 小勺

B

羽衣甘蓝	200g（取叶去茎）
海盐	1 小撮
现磨黑胡椒	适量
特级初榨橄榄油	2 大勺

C

南瓜	50g（切片蒸熟）
樱桃番茄	50g（对半切）
牛油果	1 个（切块）

D

杏仁片	50g（微火炒香）
薄荷叶	9 片
罗勒叶	9 片
苜蓿芽	适量

A 用打蛋器把所有酱料搅拌均匀，备用。

B 锅内热油，以中火快速翻炒羽衣甘蓝，微微缩水即刻离火，以海盐和黑胡椒调味。

C 把 C 中所有食材与上述 B 中材料轻轻均匀混合。

D 装盘，表面撒上 D 中的材料，淋上步骤 A 得到的沙拉酱。

Everyday superfood

羽衣甘蓝

对羽衣甘蓝的喜爱，是从碰触到它卷卷的叶片开始的。生吃略嫌寒凉，比较好的食用方式是加入姜丝快炒，或高温下短时间炙烤。就算只撒一把海盐，对于喜欢它微微苦涩味道的我来说，它都是极好的下饭菜。

说到它对身体的好处，了解之后你会惊讶，比起动物性制品，蔬菜的营养价值竟然更高一些呢。

- 含钙量比牛奶更高
- 更易被人体吸收
- 含铁量比牛肉要高
- 低卡路里 / 高纤维 / 零脂肪 / 富含维生素 A、维生素 C 和维生素 K
- 经常食用可净化身体，同时也是天然的消炎药。

爱上碳水化合物

想要精力充沛，就要好好吃五谷。五谷是阴阳平衡的种子，具有无穷的生命力。与此同时，身体用来消化主食所消耗的气血却是最小的，因此，吃主食是提升气血最便捷也是最经济的方法。而吃主食特别要注意的一点就是，一定要吃全谷。全谷具有丰富的营养价值，相对于精米精面，更利于消化吸收和气血转化。

煮饭的技巧

食用糙米需要特别注意的是浸泡和清洗。因为所有谷类的外壳有一层酸性保护膜，浸泡可以唤醒种子的活性，清洗可以把酸性物质去除。

食材：4 人份

A

糙米	250g
黑米	10g
燕麦米	50g
红米	20g
藜麦	50g

B

五谷＋矿泉水	950g
海盐	1 小勺
柠檬汁	1 大勺
特级初榨橄榄油	1 大勺

步骤

A

把所有谷类洗净后，用矿泉水浸泡至少 8 小时。

B

1. 把浸泡后的谷类再次以流动水清洗，沥干后，加入矿泉水、海盐、柠檬汁和橄榄油，放入电饭煲内，按普通煮饭程序煮即可。

2. 程序结束后，不要掀开锅盖，以保温模式继续焖 30 分钟。

铁核桃油拌饭

正因为简单到只有两样食材：盐和油，因而更考验盐和油的表现。
通常只想吃饭的时候，我会用云南的老树铁核桃油做这一道料理。百年老树的核桃精华浸润着朴素的米饭，让米饭吃起来多了一种金贵，常常吃着吃着就觉得有饭吃真幸福。
份量：1~2 人份

食材	
煮熟的糙米饭	150g
海盐	1/8 小勺
铁核桃油	1 大勺

把以上食材搅拌均匀，单独食用，或者配合酱菜食用。

* 好物清单：四季有机铁核桃油淘宝店：https://shop114260472.taobao.com

葡式茄子咖喱饭

茄子咖喱能够创造出一种其他蔬菜咖喱所没有的满足感，无论搭配米饭还是乌冬面，都是店内非常好卖的人气菜品。

份量：4 人份

A

粗茄子	1 个（滚刀切）
杏鲍菇	1 个（切厚 1cm 的圆片）
红椒	1/2 个（切块）
黄椒	1/2 个（切块）
葡萄籽油	适量（用于煎炸）
海盐	适量

B

特级初榨橄榄油	2 勺
姜	5g（切末）
综合咖喱粉	2 大勺
番茄膏	1 小勺
面粉	2 大勺
椰浆	1.5 量杯
海盐	1 小勺
现磨黑胡椒	适量

C

素奶酪	2 大勺

D

煮熟的全谷饭	480g

A 锅内倒入深度超过 3cm 的葡萄籽油，加热到 180℃左右，分批放入茄子、杏鲍菇、彩椒，炸后沥干，用厨房纸吸去多余油，撒上少许海盐，备用。

B 以中火加热橄榄油，放入姜末、咖喱粉爆香，再放入番茄膏和面粉翻炒一会儿，然后加入椰浆。边煮边用打蛋器不断搅拌，直到咖喱酱变浓稠，立刻离火。

C 在咖喱酱里加入素奶酪，搅拌均匀。

D

1. 烤箱预热到 180℃。

2. 在烤皿内盛入适量全谷饭，浇上一层咖喱酱，放上茄子、杏鲍菇和彩椒，再浇上一层咖喱酱。

3. 放入烤箱焗 12 分钟左右，直到表面微微焦黄。

西班牙彩蔬菇菇饭

热闹非凡的西班牙海鲜饭，用菌菇做出海鲜的微腥和柔嫩鲜美的口感。如果没有铁锅，用砂锅也可以同样制作出脆脆米饭的口感！虽说制作西班牙海鲜饭，藏红花和甜椒粉是必不可少的调料，但如果没有这两样香料，放一些随手可得的花椒、胡椒，美味也并不打折。

份量：4 人份

A

玉米	2 个

B

特级初榨橄榄油	3 大勺
秀珍菇	100g
波多黎各菌	2 个（切片）
杏鲍菇 1 个（切圆片，用模具切割成圈状）	
白葡萄酒	2 大勺
海盐	2 小勺
现磨黑胡椒	适量

C

特级初榨橄榄油	3 大勺
藏红花 1 小勺（放入水中浸泡 15 分钟）	
姜	5g（切末）
红椒粉	1 小勺
红椒	1/2 个（切丁）
黄椒	1/2 个（切丁）
青椒	1/2 个（切丁）
番茄	2 个（切丁）
花菜	1/2（切小块）
糙米	200g（浸泡 8 小时，洗净）
蔬菜高汤	1000ml
海盐	1 小勺

D

柠檬	1 个（切成柠檬角）
韩式薄盐海苔	2 大张（撕碎）
百里香	2 枝

A 玉米用明火烤到表皮微微焦黑，放凉后，用刀把玉米粒削下来。

B 中火加热橄榄油，放入所有菌菇、海盐、黑胡椒、白葡萄酒。炒 5 分钟，直到菌菇完全变软，水分蒸发，放置一旁备用。

C 铁锅内中火加热橄榄油，放入姜末、红椒粉、彩椒，炒约 3 分钟后加入玉米粒、花菜、番茄、糙米，翻炒均匀，煮 5 分钟。加入一半的蔬菜高汤，大火煮开后转中火，水分被吸干后，继续分 3~4 次加入蔬菜高汤，直到米饭吸足水分变软，底部微微变焦。但注意不要烧糊，偶尔用木铲翻炒米饭。整个过程约 25~30 分钟。

D 在煮好的米饭中加入炒好的菌菇，连铁锅一起放进加热到 210℃的烤箱内烤约 5 分钟，取出，撒上海苔、柠檬角和百里香，装盘。

瑜伽暖体排毒饭

地瓜和绿豆都是很好的排毒食物，搭配全谷米饭和暖体香料，可以促进新陈代谢，排出毒素。

份量：4 人份

A

橄榄油	3 大勺
姜	10g（切末）
姜黄粉	1 小勺
豆蔻粉	1/4 小勺
香菜籽粉	1/2 勺
孜然粉	1/2 小勺
肉桂粉	1/4 小勺
黑胡椒粉	1/2 小勺
辣椒粉	1/4 小勺

B

糙米	250g（提前 8 小时浸泡，洗净）
绿豆	50g（提前 8 小时浸泡，洗净）
地瓜	1 个（切丁）
葡萄干	100g
蔬菜高汤或矿泉水	300ml
海盐	1 小勺

C

南瓜籽	适量（烤香）
香菜	100g（切碎）

A 以中火加热橄榄油，放入姜和香料炒香。

B 放入米、绿豆以及地瓜，与香料一起翻炒均匀，加入少量水，煮 10 分钟。然后加入葡萄干，搅拌均匀后，把所有材料转入电饭煲，加入剩余的水，按下正常煮饭程序键。

C 煮好后，加入香菜，搅拌均匀，装盘，撒上适量南瓜籽。

菜苔炖饭

利用当地当令食材做炖饭，是我特别喜欢的一种料理方式。春天的时候一定要试试做一下菜苔，菜苔特殊的微苦和清甜，让这款炖饭有种乡村的烟火气。

份量：2 人份

A

特级初榨橄榄油	3 大勺
姜	8g（切末）
绿色油菜苔	50g（切段，花朵留出备用）
味淋	2 大勺
海盐	1/2 小勺

B

生米	120g
高汤	1000ml（煮开后转小火保温）
素奶酪	2 大勺
海盐	1/4 小勺
白胡椒	适量
铁核桃油	适量
紫色油菜苔	50g（盐水汤熟）

A

平底锅内加热橄榄油，放入姜末，翻炒片刻后加入蔬菜和调味料，炒 2 分钟左右，断生。

B

1. 中火加热平底锅，放入生米，以小火干炒米粒，待米粒由透明转白时加入橄榄油，以中火煮 1 分钟。

2. 加入 1 量杯预热的蔬菜高汤，和米粒搅拌均匀，煮开后，转小火。当汤汁收干时，再加入 3 大勺热的高汤，搅拌，炖煮。

3. 重复上述步骤 3 次，在第 4 次加水的时候，加入油菜苔，搅拌均匀，煮 2 ~ 3 分钟。

4. 离火，拌入素奶酪。

5. 装盘，以紫色油菜花装饰，撒上少量白胡椒粉，淋上铁核桃油。

野菌炖饭

炖饭是意大利餐厅在东方最受欢迎的主食之一。理想的炖饭应该充满弹性而不夹生，而炒生米是创造出弹牙口感的秘诀。传统做法运用大量黄油和奶酪，热量非常高。这个配方里运用了素奶酪，充满蛋白质的鹰嘴豆创造了满足的奶油口感。蘑菇性阴，食用时一定要加姜和酒来调和。

份量：2 人份

A

特级初榨橄榄油	3 大勺
姜	8g（切末）
灰树花	1 盒（掰成小块）
白葡萄酒	1/4 量杯
海盐	1/8 小勺
黑胡椒	1/4 小勺

B

意大利生米	120g
高汤	适量（煮开保温）
荷兰芹	2 枝（切末）
素奶酪	2 大勺
羽衣甘蓝菜	60g
海盐	1/4 小勺
现磨黑胡椒	适量

步骤

A

平底锅内加热橄榄油，放入姜末，翻炒片刻后加入灰树花。翻炒 1 分钟后，加入白葡萄酒，转中火收汁，最后加入海盐和黑胡椒调味，备用。

B

1. 中火加热平底锅，放入生米，以小火干炒米粒，待米粒由透明变成白色时，加入橄榄油，以中火煮 1 分钟。

2. 加入 A 步骤中炒过的灰树花和汤汁，和米粒搅拌均匀，煮开后，转小火继续煮 5 分钟左右。

3. 当汤汁收干时，再加入 3 大勺热的高汤，搅拌，以最小火炖煮。

4. 重复上述步骤 5 ~ 8 次，直到米饭的软硬程度达到要求。整个过程需要 30 ~ 40 分钟。

5. 拌入素奶酪、海盐和羽衣甘蓝菜，装盘。

KNOW HOW

如何煮出弹牙炖饭

做炖饭，第一步是干炒生米，这是做出既柔软又弹牙炖饭的秘密之一。在平底锅中以微火翻炒米粒，直到米粒由透明转白，加入油，让米粒吸饱充足的油分，再一点一点地混入高汤。高汤必须滚开，一人份的炖饭，每次只加一大勺高汤。这样重复操作，经过 30 ~ 40 分钟后，自然煮成一锅黏糊糊香喷喷的炖饭。

至于米，当然用意大利米最好。没有的话，东北米或日本米也可以煮出味道很好的炖饭。

牛油果红菜头盖饭

这是很久以前一位日本瑜伽老师煮的米饭料理。她的店小小的，只有一位阿姨帮忙，城里真正素食者都很喜欢。但由于太过小众，小店已经不在，可老师煮那一碗饭的精神，却不会因为小店的消亡而消逝。

份量：1 人份

食材	用量
煮熟的糙米饭	150g
牛油果	1/2 个（切片）
红菜头	100g（蒸熟，切片）
木棉豆腐	60 克（切片，两面煎）
南瓜籽	适量（烤香）
大藏芥末	1 小勺
禾然有机酱油	1 小勺
韩国薄盐海苔	2 张
水萝卜	1 个（切片）

1. 把米饭盛于碗内，均匀由内向外划圈倒入酱油。

2. 在米饭上面依次铺上牛油果、红菜头、木棉豆腐和韩国海苔，一侧放入大藏芥末，撒上南瓜籽，以水萝卜片装饰。

3. 搅拌均匀，即可享用。

银杏栗子煲仔饭

深秋的时候，糖炒栗子是必不可少的零食。吃不完的时候，剥出一些，把健脾补虚的栗子做在米饭里，变成一锅具有丰收意味的炊饭，而栗子吃起来也更加甜糯。

份量：4 人份

A

特级初榨橄榄油	2 大勺
姜	5g（切末）
香菇	7 朵（切丁）
银杏	14 粒（烤熟去壳）
胡萝卜	1/2 个（切成樱花状）
栗子	14 个（对半切）
油面筋	5 个（切小块）
味淋	2 大勺
有机酱油	2 大勺

B

糙米	180g（提前 8 小时浸泡，洗净）
蔬菜高汤或矿泉水	300ml

C

铁核桃油	适量
荷兰豆	21 个

A 以中火加热橄榄油，放入姜炒香，加入 A 中所有蔬菜翻炒 3 分钟，然后加入味淋和酱油，盖上锅盖，煮约 1 分钟。

B 放入糙米和适量水，翻炒均匀，转入电饭煲，加入剩余水，根据实际情况调整水量，按照正常米饭程序煮饭。

C 煮饭程序结束后，以保温程序继续焖 30 分钟后即可享用。荷兰豆用盐水汆烫后拌入饭中。装盘，淋上少许铁核桃油。

AUTHENTIC

面

意大利面的料理有很多变化的空间。掌握酱汁调味和煮面秘诀就可以做出西餐厅的感觉。

KNOW HOW

煮意大利面的注意事项

1. 水要充足。煮 2 人份的面条（180g），就需要放至少 3000ml 的水。
2. 煮意大利面的水如海水一样咸。
3. 千万不要在水里加油！因为挂了油的意大利面条会失去裹住酱汁的黏性。
4. 比包装指示时间早 1 分钟取出面条，沥干后进行下一步骤的操作。
5. 留出部分煮面的水当作煮意大利面时的“高汤”。

青酱贝壳面配木棉豆腐

整个春夏，我都会推荐这款充满绿色蔬菜的青酱面给我的客人。把西兰花和青酱一起打成更浓稠的酱料，淡化了罗勒的气味，骗过很多小朋友吃下不爱的西兰花。

份量：2 人份

A

西兰花	1/4 个（切小朵）
青酱	4～6 大勺
特级初榨橄榄油	适量
海盐	适量（用来调整味道）
天使细面	180g（用盐水煮熟备用）

B

油浸番茄干	1 个（切细丝）
松仁	1 把（微火烤香）

A 西兰花用盐水烫 2 分钟，与青酱一起打成粗粒做酱料。

B 意大利面煮熟后捞出，立刻与酱料搅拌均匀，加入番茄干和松仁。

Everyday superfood

西兰花

小的时候，西兰花是非常稀缺的，市场里的西兰花总是卖得比白色的花菜贵一些，家里吃的次数也就少一些。我的妈妈做菜喜欢炖煮，以前总是嫌妈妈煮得太软烂，但不知从何时开始，当吃到外面餐厅做的硬邦邦绿挺挺的西兰花时，总觉得还是妈妈煮的那种带点咸味，又软又烂的西兰花更美味一些。

西兰花是野生高丽菜的改良品种，西兰花、花菜、芥兰菜、油菜科蔬菜都具有抗癌的效果，其中西兰花的萝卜硫素成分防癌效果更显著。

有些小孩似乎不爱吃西兰花，我的女儿倒是爱得很，只要有了西兰花，一碗米饭就能轻松下肚。

西兰花的茎部千万不要丢弃，去掉硬皮后，把茎部切成一口大小，用盐腌制片刻，可以做成凉菜吃。或者切得更小一些用来炒饭，脆脆的口感也非常不错。至于花朵部分，切好后做成盐水烫西兰花，储存在冰箱里，随时拿来当配菜。喜欢脆硬口感的，氽烫 40 秒即可；如果和我一样喜欢柔软口感的，氽烫 3 分钟。关于盐的份量，我的标准是 1 升水放 2 小勺盐。

西兰花除了做成沙拉、中式炒菜以外，还可以挑战天妇罗或者西兰花大阪烧，也可以压碎了做成西兰花松饼。

番茄干腰果酱斜管面

番茄干酱比番茄酱的风味更为浓郁，酱料也相对浓稠，适合搭配少量青酱或香草。因为酱料本身富含坚果和香料油，吃起来就不会寡淡。

份量：2 人份

A

油浸番茄干	4 个
腰果	1/4 量杯
红酱	1/2 量杯
特级初榨橄榄油	2 大勺
海盐	1/4 小勺

B

斜管面	160g（煮熟）
素奶酪	1 大勺
青酱	1 大勺
有机芽苗	1 小把

A 用手持搅拌机把 A 中所有食材搅拌成番茄干酱。

B 斜管面煮熟后，取适量酱料混合均匀，装盘，佐以少量青酱和素奶酪，以芽苗装饰。

南瓜奶油面

这款用南瓜和素奶酪制作的南瓜奶油面，口感非常浓郁，羽衣甘蓝增加了纤维和钙质。春天的时候，还可以加入豌豆、芦笋或莴笋叶。总之，浓郁的南瓜奶油酱和任何绿色微苦的蔬菜都可速配。

份量：2 人份

A

南瓜	150g（蒸熟）
素奶酪	4 大勺

B

羽衣甘蓝	100g
特级初榨橄榄油	2 大勺
海盐	1/4 小勺
意大利面	180g

C

柠檬	1/2 个（磨皮，取汁）
欧芹	2 枝（切碎）
苜蓿芽	适量
杏仁片	适量

A 用勺子把一半的南瓜和素奶酪酱调和成南瓜奶油酱料。

B 加热橄榄油，以中火炒熟羽衣甘蓝后，加入意大利面和剩下的南瓜、海盐，翻炒一下后熄火，调入 A 中的南瓜奶油酱。

C 在面条中调入柠檬汁、柠檬皮和欧芹叶碎，撒上杏仁片，以苜蓿芽装饰。

芝麻菜菌菇蝴蝶面

辛辣口感的芝麻菜和厚重的菌菇酱是完美的搭配。虽然菌菇阴性，不宜多吃，但因为加入了大量的生姜和黑胡椒，菌菇酱的寒凉得以平衡。
份量：2 人份

A

食材	用量
香菇	20 朵（切片）
蘑菇	20 朵（切片）
杏鲍菇	1 个（切片）
迷迭香	1 枝
姜段	3cm（切碎）
海盐	1/2 小勺
特级初榨橄榄油	5 大勺
现磨黑胡椒	1 大勺

B

食材	用量
蝴蝶面	180g（煮熟）
素奶酪	2 大勺
现磨黑胡椒	适量
芝麻菜	1 把
松露油	适量

A 烤箱预热到 210℃，混合 A 中所有食材，平铺在烤盘里，烤 18 分钟左右。把烤香的菌菇连同烤出的汤液一起放入搅拌机，以间断的方式搅拌成粗粒状的菌菇酱。

B 在 4 ~ 5 大勺菌菇酱中加入 1 大勺白酱，搅拌均匀后，与煮好的意大利面拌匀，撒上现磨黑胡椒，最后拌入芝麻菜，滴上少许松露油。

焗红酱土豆丸子

沮丧的时候，没有比这样一款暖胃暖心的食物更让人提起精神了。选用的蔬菜也可以随机应变，加入抱子甘蓝是因为我们喜欢在冬天吃这一款食物，冬天的甘蓝类蔬菜，都特别甜一些。如果在夏天，茄子、节瓜等也都是很好的配菜。

A

土豆丸子	150g
水	3000ml
海盐	10g

B

红酱	1 量杯
抱子甘蓝	3 个（撕成片状）
素奶酪	2 大勺

A 把水煮开后，放入海盐，倒入土豆丸子，轻轻拿木勺搅拌，以免粘连；等待土豆丸子浮起水面后，再以小火煮1分钟，即可捞起备用。

B 锅内热油，炒软抱子甘蓝后，放入红酱和煮熟的土豆丸子，搅拌均匀，放入烤皿内；用勺子把素奶酪分布在土豆丸子表面，放入预热至210℃的烤箱，烤约 12 分钟。

意大利土豆丸子

意大利土豆丸子，是用土豆、面粉和鸡蛋一起做成的小丸子。在我的概念里，单单一个意大利土豆丸子就已经可以是一个单独的系列，做法变化多端，可以加上浓稠酱汁，也可炸后撒上香草盐，又或者加上奶酪放入烤箱焗，夏天的时候还可以做成沙拉。无论如何，一口大小的小丸子是大小朋友都会喜欢的食物。在制作的过程中，更可以邀请孩子们参与搓丸子，没有一个孩子会拒绝这项和食物有关的游戏，而这也会成为他们记忆里和食物有关的美好回忆。

份量：2 人份

中等土豆	**1 个（400g）（蒸熟置凉）**
面粉	**100g（根据实际情况适量增减）**
水	**3000ml**
海盐	**1 大勺**

1. 土豆蒸熟后，碾成土豆泥，然后与面粉混合成均匀的面团。

2. 取适量面团在手中，揉搓成直径为 1cm 左右的条状，然后改刀切成 0.8cm 长的小丸子。

3. 把小丸子放在手掌中指根部，接着用叉子轻轻压着丸子朝指尖滚动。

4. 把水煮开后，放入海盐，倒入土豆丸子，轻轻拿木勺搅拌，以免粘连；待土豆丸子浮起后，再以小火煮 1 分钟，即可捞起备用。

奶油通心粉

对孩子们而言，有个洞的面和没有洞的面是完全不同的两种食物。无论我怎么解释它们都是一样的原料制成，孩子们还是拒绝细长形的面条。因此，我们在餐厅特地做了一款纯素奶油通心粉给孩子们，反响果然不同。

份量：1 人份

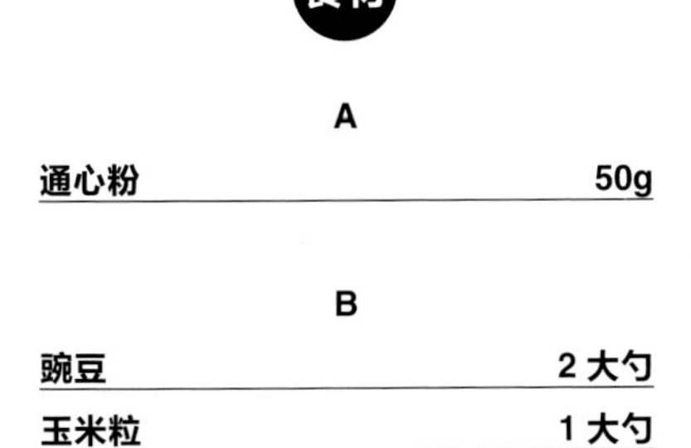

食材

A

食材	用量
通心粉	50g

B

食材	用量
豌豆	2 大勺
玉米粒	1 大勺
素奶酪	1 大勺

步骤

A 按正常煮意大利面程序煮熟通心粉。

B 新鲜豌豆和玉米粒用盐水汆烫2分钟后捞出，与通心粉和素奶酪搅拌均匀，加热收干汤汁即可。

波多黎各菌汉堡

目前国内的波多黎各菌全部产自云南，不懂行的人常误以为是大个头的香菇，但其味道和香菇千差万别。波多黎各菌无论是切片还是整个烤来吃，都非常美味。如果是整个烤来吃，用味噌腌制一下，味道尤其特别。

A

波多黎各菌	1个
味噌	1小勺
酱油	1小勺
意大利葡萄醋	1大勺

B

菠萝	1片
番茄	1片
黄瓜	2片
苜蓿芽	少许
汉堡面包	1个
纯素美乃滋	适量

A 混合味噌、酱油和葡萄醋，涂抹在波多黎各菌正反面，腌制至少1小时。擦去多余酱料，和菠萝片一起放入预热到180℃的烤箱烤约15~18分钟。

B 在汉堡面包内夹入所有蔬菜和炙烤过的波多黎各菌和菠萝片，配上纯素美乃滋即可。

红菜头藜麦饼汉堡

这个汉堡是餐厅开业以来一直没有做过调整的菜品，无论是口感还是营养，它都有着极好的平衡；也因为它打破了红菜头给人的惯有的土味印象，从而使得更多人愿意接受这个味道特别的食材。

A

红菜头	500g（切片）
煮熟的藜麦	1/2 量杯
蘑菇	300g（切片）
腰果	1 量杯（烤熟）
有机酱油	1/2 大勺
盐	1/2 勺
油	1/4 量杯
葛根粉	1/4 量杯

B

番茄	1 片
酸黄瓜	2 片
苜蓿芽	少许
汉堡面包	1 个
纯素美乃滋	适量

A 红菜头和蘑菇切片后，分别加少许油和盐，放入预热到 180℃的烤箱内加盖锡纸烤约 18 分钟。然后加入除了藜麦以外的其他食材，用搅拌机打成颗粒状红菜头泥。最后拌入藜麦，捏成圆饼状，放入平底锅中两面各煎约 3 分钟，然后放入烤箱烤约 10 分钟。

B 在汉堡面包内夹入红菜头藜麦饼和其他蔬菜配料，配上纯素美乃滋即可。

Everyday superfood

红菜头

红菜头好似榴莲，因为独特的颜色和气味，人们对它不是情有独钟，就是把它拒之千里。比起它在营养师开出的食单里担负对肝脏的解毒功能这一点，我喜欢它，则更多是因为它咀嚼起来的口感和微微爽甜的滋味。我又特别酷爱炖煮的菜肴，把红菜头和其他根茎蔬菜加上一些番茄泥和新鲜香草，放入厚重的铁锅内，慢火炖煮至软烂入味，最后再加上一小勺奶酪酱。若有外表硬邦邦的裸麦面包与之搭配，简直是冬日里无法抗拒的美味。

如果只是纯粹地要摄取它丰富的维生素 C 和维生素 E，钾和叶酸，与生姜以及胡萝卜一起榨汁喝也不错，护肝又亮眼。

如果做成浓汤，尝试最后加一把香菜，会取得意想不到的冲击口感。

黑豆汉堡包

这款汉堡富含能量，汉堡饼中不仅有各种豆类，同时还加入了糙米，如果搭配上烤去皮彩椒，口味会更丰富。

A

食材	用量
煮熟的黑豆	2 大杯
煮熟的糙米	1 量杯
玉米	1 根（剥出玉米粒，煮熟）
香菜	适量
面粉	3 大勺
青柠檬	1 个（挤汁）
海盐	1 小勺
黑胡椒	1 小勺
葛根粉	1/2 量杯
特级初榨橄榄油	3 大勺

B

食材	用量
番茄	1 片
黄瓜	2 片
芝麻菜	适量
苜蓿芽	少许
汉堡面包	1 个
纯素美乃滋	适量

A

1. 留出 1/4 量杯玉米粒和 1/4 量杯糙米，把其他 A 中食材打成均匀的豆泥，然后再拌入玉米粒和糙米。将其压成直径 8cm、厚 0.8cm 的圆饼。

2. 锅内倒入少量油，把豆饼放入锅中，两面各煎 3 分钟，然后转入预热到 180℃的烤箱烤约 15 分钟。

B

在汉堡面包中分别夹入豆饼、蔬菜和芽苗，最后加入纯素美乃滋。

卷饼

全世界的吃货思维大约都是相同的，墨西哥人发明了卷饼，中国人发明了春饼，食材不同，精神相通，方便吃方便带。所以，踏青的时候准备一些卷饼作为便当里的主食是最为明智的选择。

墨西哥杂豆卷

A

斑豆	20g（隔夜泡水）
黑豆	20g（隔夜泡水）
花豆	20g（隔夜泡水）
虎皮尖椒	1个（切丁）
烤麸	100g（切丁冲水）
特级初榨橄榄油	3大勺
酱油	2大勺
红糖	1大勺
海盐	适量
辣椒仔	适量

B

特级初榨橄榄油	1大勺
红椒	半个（切丁）
黄椒	半个（切丁）
西葫芦	半个（去瓤切丁）
海盐	1/4小勺

C

芝麻菜	1把
香菜碎	1小把
面饼	2～3张

卷饼制作方法：按照全麦面粉：高筋面粉 = 1 ：1的比例，与适当水和成面团后，饧1小时，擀成8寸大小的薄饼，在平底锅内用微火两面煎透。

A 豆子泡水后洗净，锅内热油，加入尖椒和烤麸翻炒一下，然后加入豆子，搅拌均匀。加入足够的水（以没过食材为准）、酱油和红糖，煮开后转小火炖煮1小时，其间搅拌3~4次，然后转大火收干汤汁，试味调整，最后加入适量辣椒仔。

B 另起一锅，加入适量橄榄油，快炒彩椒和西葫芦，放入少许海盐调味。

C 加热面饼，在饼中依次铺入豆子、蔬菜和芝麻菜，卷起享用。

排毒地瓜卷

A

味噌	1 小勺
芝麻酱	1 大勺
枫糖浆	1 小勺
热水	适量

B

地瓜	1 个（蒸熟）
黄瓜	1 根（纵向切 6 条）
黄豆芽	60g（汆水断生）
葡萄干	55g
南瓜籽	50g（烤香）
苜蓿芽	50g
面饼	3 张

步骤

A 把 A 中调味料调和成均匀的糊状。

B 在面饼中依次放上地瓜泥、黄瓜条、黄豆芽，撒上葡萄干和南瓜籽以及苜蓿芽，卷起享用。

这款卷饼具有非常好的排毒效果，可以每周食用一次。

牛油果凯撒卷

食材

牛油果	半个（切片）
罗马生菜	2 片（切丝）
酸黄瓜	1/4 根（切丝）
松仁	1 小把（烤香）
番茄	1/4 个（切片）
纯素美乃滋	适量

加热面饼，把所有食材卷入饼中。

香料之旅

香料对于食物的意义，除了味道的提升之外，更在于它们是天然温和的药草，具有非常好的治疗效果。

香料

在我还不会非常熟悉运用香料的时候，只要看到难买到的香料，我就会毫不犹豫地买下来。对我而言，香料具有让素食变得多样、美丽和神秘的特点。如要颜色跳跃开胃，可用藏红花、姜黄粉或红辣椒；想要去腥去涩，可用百里香、月桂叶、紫苏科香料或迷迭香。春夏可多用辛辣口味，譬如生姜、胡椒、唐辛子、芥末、山葵等，而秋冬则可多用芳香口味的香料，如大茴香、百里香、肉豆蔻、肉桂、丁香等。

香料功效表

天然香料	功效
罗勒（九层塔，紫苏）	镇咳，健胃，驱风寒，促进消化，消除疲劳
香菜（芫荽）	解毒，消毒，镇咳，祛痰，健胃
鼠尾草	促进消化，镇静，解热，镇痛
迷迭香	助消化，镇静，强化心脑
百里香	止咳，化痰，杀菌，防腐
牛至（披萨草）	解毒，杀菌，促进消化，健胃，镇咳，镇静
月桂叶	镇静神经痛，有益毛发
山葵	健胃，增进食欲，振奋神经
薄荷	清凉，解热，镇痛，促进消化，健胃
肉桂	健胃，驱风寒，发汗，解热，止痛，镇静，防腐
姜黄	止痛，止血，健胃，防腐
荷兰芹	利尿，预防贫血和口臭
黑胡椒	助消化，调理肠胃，驱风寒，利尿，镇痛
生姜	健胃，消毒，解毒，止头痛
八角	驱风寒，祛痰，止吐
红辣椒	助消化，调理肠胃，止痛
莳萝（茴香）	健胃，利尿，安眠，镇静

姜
薄荷
香菜
肉桂
鼠尾草
黑胡椒
八角
山葵
莳萝
月桂叶
罗勒
姜黄
辣椒
牛至
荷兰芹
百里香
迷迭香

菠菜豆腐咖喱

菠菜乳酪咖喱是在1899年，一个印度厨师为国王创造出的。它在印度东北部，尤其是旁遮普省，是最受欢迎的食物。正宗的做法应该是用乳酪，用优质的木棉豆腐来代替乳酪，味道也不受影响。这个配方是一位印度朋友的妈妈传授于我，并不需要太多的香料，非常简单却口味地道。由于发散的力量非常棒，它特别适合在受寒初期的时候享用，可以很快减轻感冒症状。
份量：2 人份

A

菠菜	250g（取叶）
香菜籽粉	1 大勺
茴香粉	1 小勺
姜黄粉	1 小勺
姜末	1 大勺
特级初榨橄榄油	1 大勺
海盐	1/4 小勺

B

橄榄油	1 大勺
豌豆	1 量杯（洗净，汆水半分钟，用冰水过凉）
花菜	1/4 个（切成朵，汆水 1 分钟）
木棉豆腐	1 块（切成小方块，用厨房纸吸去多余水分）
海盐	适量

A 在锅内加热橄榄油，低温炒香姜末和香料，放入菠菜叶。翻炒出水后离火，加入海盐，用搅拌机打成咖喱菠菜酱汁备用。

B 加热橄榄油，放入木棉豆腐块，两面煎成金黄色。然后倒入花菜和豌豆粒以及 A 中做好的菠菜酱，翻炒片刻后，加入适量海盐调味即可。

椰浆鹰嘴豆菠菜咖喱

鹰嘴豆咖喱是极具满足感的一种主食，特别适合在秋冬使用。阿魏的味道虽然仿佛洋葱，但低温炒香后，并不会引起胃部不适，反而对身体有益，所以在素食咖喱中常常代替葱蒜来使用。

份量：2 人份

A

鹰嘴豆	1 量杯（隔夜泡水）
特级初榨橄榄油	2 大勺
姜末	1 大勺
阿魏粉	1 小勺
印度混合香料	1 小勺
姜黄粉	1/4 小勺
辣椒粉	1/4 小勺
红椒粉	1 小勺
水	适量（500 毫升左右）

B

菠菜	500 克
椰浆	1 量杯
海盐	1 小勺

A 热油，以小火炒香姜末和其他香料。加入浸泡过的鹰嘴豆翻炒片刻后加入水，煮开后转最小火，炖煮 1 小时左右直到豆子变软。如水分已经煮干，豆子却仍然感觉有些硬，可以适量再加一些热水。

B 当豆子煮至软烂后，转大火，放入菠菜，快速翻炒，盖上锅盖，以中火焖 5 分钟。最后倒入椰浆，再次煮沸时闭火，加入适量盐调味。

马来酸辣咖喱

如果夏天闷热潮湿，又不小心着了凉，那么一些酸辣的食物是最快清醒头脑的饮食啦。

份量：2 人份

A

食材	用量
泰式小辣椒	5 个
海盐	1/2 小勺
青柠皮	半个（切碎）
香茅	2 根（取根部，去掉最外面的两层）
南姜	1 小段
豆豉	1 大勺

B

食材	用量
花生油	3 大勺
樱桃番茄	8 个
黄节瓜	1/2 个（切块）
芦笋	100g（切段）
杏鲍菇	1 个（切块）
水	300ml
椰浆	200ml
青柠檬	1/4 个
柠檬叶	1 片（切细丝）

步骤

A 把 A 中所有食材用料理机以脉冲式搅拌的方式打成泥。

B 锅内小火加热花生油，加入 2 大勺咖喱酱炒香后，加入蔬菜翻炒半分钟，然后加入水，煮开后转小火煮 5 分钟，然后加入椰浆。再次煮开后闭火，加入适量盐调味，撒上柠檬叶丝，挤入青柠汁。

泰式冬咖汤

比起个性鲜明的冬阴功，我更喜欢这款酸劲十足却不那么辛辣的冬咖汤，里面的蔬菜可以任意组合，我喜欢加入油豆腐和卷心菜。配方里虽然用到了大量的新鲜香料，但如果实在无法购得，也可以用干燥的香料粉替代。酸辣汤里的养生意义说起来也可以滔滔不绝，总之，需身体收放自如，在长夏之季，请一定要喝一碗酸辣汤，无论中西。

份量：4 人份

A

特级初榨橄榄油	2 大勺
良姜	5g（切块敲碎）
柠檬叶	7 片（切丝）
香茅	2 段（切片）
海盐	1 / 2 小勺
椰糖或红糖	1 小勺
蘑菇	100 克（切片）
番茄	1 个（切块）
水	400ml

B

油豆腐	100g
卷心菜	1/4 个
椰浆	400ml

C

青柠檬	1 个
香菜	1 把（切碎）

A 小火加热橄榄油，放入所有香料。慢火爆香后，加入番茄和蘑菇翻炒 1 分钟，倒入水和油豆腐。煮开后转小火，煮约 30 分钟。

B 加入卷心菜，煮约 3 分钟后，倒入椰浆、海盐和椰糖，重新煮开后，立即关火，试味调整。

C 挤入青柠檬汁，撒上香菜。

菲律宾花生酱炖时蔬

不是所有东南亚料理都又酸又辣又有“怪味”，当和妈妈、女儿一起去长滩岛度假时，我这两位最爱的女士一致大爱菲律宾花生酱。油豆腐、茄子、秋葵或鹰嘴豆都和它很搭，喜欢香气的，还可以加上柠檬叶。

份量：2 人份

A

番茄	2 个（切丁）
花生油	1 大勺
综合咖喱粉	1 小勺
红椒粉	1 小勺
花生酱	2 大勺（150g）
热水	60ml
糖	1/2 小勺
海盐	适量

B

花菜	100g
车麸	6 个
椰浆	3 大勺
香菜	10g（切末）
青柠檬	1/4 个
柠檬叶	1 片（切细丝）

步骤

A 锅内热油，加入咖喱粉、红椒粉炒香后，放入番茄翻炒至出水。花生酱用热水调成糊状，与番茄、糖、盐一起用手持搅拌机搅拌成酱料备用。

B 花菜用盐水烫熟，车麸泡开，倒入酱汁内煮开后转微火，焖 5 分钟。关火，加入椰浆调匀。最后撒入香菜和柠檬叶丝，挤入青柠檬汁。

越南米粉沙拉

去过越南的朋友都对当地的香草料理印象深刻。潮湿温热的国家，需要大量的草本香料来驱赶身体内的湿气，所以这道料理最适合的季节是夏秋转换的长夏之际。清爽的口感和香草的通透能很好地让困乏疲惫的身体恢复活力。

份量：2 人份

A

越南米粉丝	180g

B

木棉豆腐 150g（切 2cmx2cm 的块状）	
特级初榨橄榄油	1 大勺
海盐	1 小撮

C

青柠檬	3 个（取汁）
指天椒	1 个（切圆片）
椰糖（红糖）	1 量杯
热水	200ml
亨氏白醋	100ml
天然酿造酱油	80ml
现磨黑胡椒	适量

D

黄瓜	1 根（切丝）
胡萝卜	1/2 根（切丝）
薄荷	2 枝（取叶切碎）
九层塔	2 枝（取叶切碎）
香菜	4 枝（切碎）
腰果	1 把（平底锅微火烤香）
芒果	1 个（去皮切块）
苜蓿芽	适量

A 锅内放入至少 1000ml 的水，煮开后放入米粉，煮约 6 ~ 8 分钟，过凉水沥干备用。

B 以小火煎豆腐至两面金黄。

C 混合 C 中所有材料，搅拌均匀，直到椰糖完全溶化。

D 深碗内放入米粉，以顺时针方向放上黄瓜丝、腰果碎、香菜碎、煎豆腐、薄荷碎、芒果粒、九层塔碎、胡萝卜丝，中间以苜蓿芽和青柠角装饰。另取一盅，倒入 C 中做好的酱汁，根据口味适量倒入米粉沙拉中，一起享用。

印尼椰浆饭配加多加多沙拉

我的好朋友把这道菜取名巴厘岛的想念。并不是所有人的生活都是一场说走就走的旅行，但我们总可以把旅行时的味道带回来。

A

糙米	1 量杯（隔夜浸泡，洗净）
椰子油	3 大勺
香茅	1 根（取根部，去外皮，切末）
班兰叶	2 片
椰浆	1 量杯
水	1 量杯（根据米的吸水性适当调整）

B

绿豆芽	100g
胡萝卜	1 根（切条状）
刀豆	100g
玉米	1 根
樱桃番茄	8 个
芥花油	适量
海盐	适量

C

面筋	50g
味噌	1 大勺
味淋	1 大勺
热水	适量
面粉	50g
豆腐	100g
煎炸油	适量

D

印尼风味花生酱	适量
椰浆	适量
烤熟的腰果碎或花生碎	适量

A 小火加热椰子油，然后加入香茅和班兰叶炒香，把糙米、水、椰浆和香茅、班兰油一起倒入电饭锅内，开始煮饭。饭煮好后，用勺子把米饭从下到上搅拌均匀，待用。

B 分别准备蔬菜

- 绿豆芽，大火热锅加油，炒熟，加少许盐调味。
- 胡萝卜，氽盐水备用。
- 刀豆，大火热锅加油，翻炒断生，加少许水焖 1 分钟，加少许盐调味。
- 樱桃番茄，对半切，备用。
- 玉米切成适合大小，用明火或烤箱烤熟。

C 面筋切成长条；味噌和味淋用热水调开，把面筋两面抹上酱料腌制半个小时。然后抹去多余酱料，裹上面粉，高温油炸成素扒条。

豆腐切成适合大小，做成油炸豆腐。

D 在盘子内放上 1 人份米饭，淋上少许椰浆，依次摆放上绿豆芽、胡萝卜、刀豆、樱桃番茄、油炸豆腐、烤玉米，以及用竹签穿起的素扒条。

花生酱用小杯放在一侧，表面撒上适量腰果碎。

马来风味炒河粉

比起汤河粉，我更爱炒河粉，其迷人之处在于每一口都可以吃到大量不同香味和口感的蔬菜与主食，它们在嘴里完美地融合与绽放。如果在北方，则可以用意大利面代替河粉来制作这道料理。

份量：2 人份

A

花生油	3 大勺
新鲜良姜	1cm（切末）
新鲜柠檬叶	4 片（切丝）
指天椒	1 个（切小圆片）
胡萝卜	1/4 个（切丝）
卷心菜	1/4 个（切丝）
紫甘蓝	1/4 个（切丝）
绿豆芽	100g
生抽	1 大勺
椰糖	1 大勺

B

木棉豆腐	1/2 块（碾碎）
橄榄油	1 大勺

C

河粉	180g（煮熟备用）
特级初榨橄榄油	2 大勺
海盐	适量
青柠檬	1 个（取汁）
腰果	2 把（微火烤香压碎）

A 平底锅内加热花生油，加入良姜、柠檬叶和指天椒。小火炒 2 分钟后，加入蔬菜，大火翻炒 2 分钟。最后加入生抽和椰糖，再翻炒 1 分钟，备用。

B 平底锅加热油，放入木棉豆腐，煎至两面金黄。

C 锅内热油，放入河粉翻炒几下，加入 A 和 B 中做好的食材，翻炒均匀，加入海盐，挤入柠檬汁，装盘，最后撒上腰果碎。

越南芒果豆腐春卷

夏天的时候，我们会在餐厅里供应清爽开胃的纸皮春卷，这是胃口不佳时的最佳推荐。新鲜香料、罗望子酱、青柠、金橘等食材是越南料理的必备元素。千万不要被罗列的食材所吓倒，其实就算只是包裹着黄瓜，蘸上自己喜爱的调料，就是一款夏日的轻食。

份量：2 人份

A

透明春卷皮	12 片（冷水泡软）
荷兰黄瓜	1 根（切丝）
胡萝卜	1/2 个（切丝）
苜蓿芽	30g
九层塔叶	24 片
薄荷叶	24 片
花生碎	1/2 量杯
芒果	1 个（切 12 片）
木棉豆腐	1/2 块（碾碎）

B

罗望子酱	150g
金橘泥	25g
香油	1 大勺
有机酱油	2 大勺
青柠汁	适量
香菜	适量

A 在春卷皮的三分之一处，依次放上适量的 A 中食材，包成春卷。

B 把 B 中所有材料混合均匀，装盘共食。

甜品

我喜欢使用天然甜，红糖、椰糖、枫糖、糖蜜、蜂蜜、龙舌兰蜜、果干等，只要使用了第一次，就会发现这些天然的甜味来源，不仅芳香迷人，营养也相对完整。更重要的是，用它们做出的甜品格外迷人，会给你带来真正的满足感。

甜品

椰枣

椰枣是我在中东生活时的最佳零食。那时正值怀孕，胃口极佳，听说椰枣营养丰富，不管三七二十一，日啖十几粒。最好的品种是 medjool dates，夹着坚果，就是很好的小点心。椰枣富含果糖，不会导致血糖急剧升高，就算糖尿病人也可食用，丰富的膳食纤维又很适合老年人，对于儿童的大脑发育也极其有帮助，实在应该成为家里常备食物之一。椰枣可以很容易地做成面包抹酱，或加入谷奶中，可增加甜味。

天然甜

“食蔗高年乐，含饴稚子欢”，全宇宙的人民都在吃甜食。可古人食蔗糖，今人食精制糖，后者会让人嗜甜成瘾。精制糖对于健康的危害，除了大家熟悉的龋齿、肥胖等不良后果，还会引起毛孔粗大、骨质疏松和溢脂性脱发等问题。这些问题大家心知肚明，不过更愿意假装无知。可如果一味自我麻醉，问题自然不可避免。

坏消息宣布完，来点好消息，也不是就此和甜品永不相见了。和大多数食材的选择一样，甜味的来源也是有级别的，并不是所有甜的食物都是洪水猛兽。原则就是首选天然。换句话说：请把白砂糖请出厨房。

我最常用的天然甜味有三种，分别是产自云南的古法红糖，加大拿进口的枫糖浆，以及阿拉伯椰枣。

红糖

不是所有的红糖都是红糖，市售红糖大部分都是砂糖和黑糖蜜的混合物。产自云南的古法红糖，是我厨房的必备好货。儿童若是受寒初期，姜水难以下咽，红糖水照样可以驱寒暖身。另外，假若半夜抽筋，睡前一半水一半糖的比例混匀喝下去，也可缓解症状。至于甜度、热量等，完全不在考虑范畴。和黄油等相比，红糖的热量，我会视作是能量。

枫糖浆

以枫树液熬煮而成的枫糖浆，从加工的角度来看，质地算是非常纯粹的。通常分为 A 级和 B 级：A 级枫糖浆味道淡雅，不抢食材主味；B 级枫糖浆颜色和味道都更耐人寻味，适合直接淋在松饼或者麦片上食用。

奇亚籽——替代鸡蛋使用，具有黏合性，可净化肠道

非转基因绢豆腐
——替代鸡蛋、奶油

椰枣——天然甜味干果，极易消化，甜度高

海盐——不可缺少的秘密，把百味聚在甜中

腰果——替代奶酪或奶油，补充优质脂肪

枫糖浆——替代精制糖

椰子油——替代黄油

KNOW HOW

传统甜品食材 vs 健康甜品食材

如果你已经在烘焙这块田地里摸爬滚打多年的话，一下子要从传统烘焙转换到天然甜、无蛋、无奶、无黄油，还真有一点“空怀一身绝技，却无处可施展”的郁郁不得志。奶奶的祖传秘方其实可以永流传，只要在食材上面下一番功夫，照样可以轻松驾驭一家人的点心。

精制白砂糖

甜菜根 1 ： 1

枫糖浆 3 ： 4，同时减少 1/4 液体配方

麦芽糖 1 ： 1，同时减少 1/4 液体配方

黄油

椰子油 1 ： 1

香蕉泥 1 ： 1

牛油果泥 1 ： 1

鸡蛋

豆腐：50g 豆腐替代一个鸡蛋

奇亚籽：奇亚籽磨碎加水以 1 ： 3 的比例混合浸泡，再以 1 ： 1 替代鸡蛋

亚麻籽：15g 亚麻籽粉和 45ml 热水混合均匀，冷藏 5 ~ 10 分钟，50g 替代一个鸡蛋

牛奶

杏仁奶 1 ： 1

豆奶 1 ： 1

腰果奶 1 ： 1

巧克力慕斯蛋糕

即使和用奶油制作而成的巧克力慕斯比，这款纯素巧克力慕斯也毫不逊色，秘密是上好的日式绢豆腐和现磨橙子皮。

蛋糕部分

A

可可粉	1/2 量杯
有机多用途面粉	1 量杯
泡打粉	3/4 小勺
苏打粉	1/8 小勺

B

豆奶	1 量杯
枫糖浆	1/2 量杯
芥花油	1/2 量杯
海盐	1/8 小勺
柠檬汁	1 大勺

A 把所有干性食材用打蛋器搅拌均匀，过筛备用。

B

1. 把湿性材料用打蛋器搅拌均匀，让豆乳、枫糖浆和芥花油充分乳化。

2. 把材料 A 和 B 混合均匀，用打蛋器搅拌成面糊，倒入两个 8 寸的蛋糕盘中，放入预热到 180℃的烤箱内，烤 8~10 分钟。插入牙签，拔出没有面糊粘在牙签上，即可取出，让蛋糕在烤盘里自然冷却。

慕斯部分

A

可可脂 70%以上的纯黑巧克力	200g
豆奶	1/2 量杯
特级初榨椰子油	1/4 量杯
海盐	1/4 小勺

B

绢豆腐	300g
枫糖浆	1/4 量杯
橙子	1 个（磨皮）

A 用隔水坐融的方式，把黑巧克力、豆奶、椰子油和海盐融化，搅拌成均匀柔滑的巧克力酱。注意温度变化，防止巧克力油水分离。

B 把 B 中材料和坐融的巧克力酱一起用手持搅拌机搅拌均匀。

C 蛋糕切去边缘，取 8 寸蛋糕模具，在底部放上一片巧克力蛋糕，倒入适量巧克力慕斯，再放上第二片巧克力蛋糕，倒入剩余巧克力慕斯。把多余的巧克力边缘蛋糕揉搓成巧克力蛋糕碎，洒在慕斯蛋糕表面。放进冰箱，冷冻至少 6 小时。取出蛋糕，冷藏回温 2 小时左右，切成 8 片或 10 片。

柠檬奶酪蛋糕

第一次尝试做这款蛋糕后，就可以挑战其他风味的。想要清新口味的，尝试加入冷冻小红梅粉；喜欢重口味的，可以加入榴莲果肉。当然，也可以什么都不加，这个基础配方本身就非常美味。

A 蛋糕底

椰枣	8个（去核）
热水	2大勺
杏仁	115g
葵花籽	45g
特级初榨椰子油	1大勺
海盐	1/8小勺

B 奶酪部分

生腰果	225g（隔夜浸泡）
柠檬	2个（磨皮，榨汁）
香草精华	1小勺
特级初榨椰子油	1/3量杯
枫糖浆	1/3量杯
海盐	1/8小勺
冰块	2块

C

当季水果	适量（可不放）

A

1. 椰枣加入少量热水，先用搅拌机打成泥，然后放入其他坚果，用间歇模式打碎，直到黏稠。

2. 放入8寸蛋糕模中压实。

3. 把以上食材全部放入料理机中，高速搅拌均匀，直到没有颗粒感。

B 把奶酪部分倒入模具内，放入冰箱冷冻至少1小时。

C 以水果装饰。

奇亚籽燕麦布丁

这道简单却不乏味的食谱，完全可以交给孩子们，他们会非常乐意为全家人准备这样一道早餐的。搭配的水果可以是任何的当季水果，也可以撒入葡萄干、蔓越莓等果干。
份量：1 人份

食材

A

食材	用量
奇亚籽	3 大勺
快熟燕麦	4 大勺
豆乳	1 量杯

B

食材	用量
枫糖浆	适量
蓝莓	5 颗
杏仁片	适量

A

1. 加热豆乳。

2. 在容器内放入奇亚籽，倒入豆乳，搅拌均匀，再加入燕麦搅拌。

3. 冷却后放入冰箱，冷藏至少 4 小时。

B

在布丁上放上蓝莓和杏仁片，或其他自己喜爱的水果和坚果，根据个人口味加入适量枫糖浆，搅拌享用。

Everyday superfood

奇亚籽

奇亚籽是鼠尾草的种子，是自然界唯一一个 Ω3 超过 Ω6 的食物，对于保护心脑血管有很大帮助。同时，每 100 克奇亚籽的钙含量高达 631 毫克，是牛奶的 5 倍；铁含量是所有种子中最高的，是牛肝的 2.4 倍；蛋白质含量是牛奶的 5 ~ 7 倍。奇亚籽浸泡在水中会产生一层可溶性膳食纤维胶质，对于结肠癌有积极的预防作用。

香蕉燕麦脆

早上没有时间做太复杂的早餐吧！预先准备一些这样的燕麦片，就不用打仗啦！就算出差不在家，孩子们也能自己弄来吃哦。这款燕麦片口味棒极了，又脆又香，我们一不小心就会把它当成零食吃光光。

份量：4 人份

成熟香蕉	2 个（压泥）
燕麦片	250g
杏仁粒	80g
南瓜籽	80g
香草精华	1/2 小勺
海盐	1 小撮
特级初榨椰子油	3 大勺（液状）
枫糖浆	3 大勺

烤箱预热 200℃，烤盘中放上油纸。

1. 在一个大碗里混合燕麦、杏仁、南瓜籽、香草精华、海盐。

2. 在另一个大碗里加入椰子油、枫糖浆和香蕉泥，并把它们混合均匀。

3. 混合干湿材料，用手轻轻搅拌，让湿性材料包裹住干性材料。

4. 把燕麦均匀平铺在烤盘内，放入烤箱，烘焙 10 分钟左右，然后用木铲翻动燕麦，烤盘旋转 180 度，放入烤箱继续烘焙 10 分钟。烤箱降温至 150℃，再烤 10 分钟左右。如果没有完全干，挑出已经烤脆的部分，其余部分再烤 10 分钟，直到燕麦全部变干为止。

5. 放入罐子之前一定要彻底放凉哦。

布丁鲜果杯

把布丁作为基础，在不同季节加上不同的水果，无论是下午茶还是早餐，你都可以很快速地变出一道点心。

份量：4 人份

食材	用量
豆奶	1 量杯
椰奶	400ml
椰糖	6 大勺
海盐	1/4 小勺
葛根粉	1.5 大勺
水	1/4 量杯

在锅中加入所有食材，用打蛋器轻轻搅拌均匀。以小火缓慢加热，一边加热，一边不断搅拌，直到锅内液体微微沸腾，立刻离火，倒入布丁杯中。冷却后，放入冰箱冷藏至少 2 小时。

1 芒果泥草莓布丁

适量芒果打成芒果泥，倒在布丁上，加上适量草莓。

2 黑芝麻豆腐泥香蕉布丁

黑芝麻粉 1 小勺、绢豆腐 2 大勺打成泥，倒在布丁上，加上适量成熟香蕉片。

3 早餐黄桃燕麦布丁

黄桃打成泥，倒在布丁上，加入适量干果和烤脆的燕麦片。

4 香蕉泥蓝莓布丁

半个香蕉加 1/4 杯坚果奶打成香蕉泥，倒在布丁上，加上适量蓝莓。

1
2
4
3

肉桂苹果迷你麦芬

纯素的糕点份量都很足，所以把大大的麦芬做成迷你型，两口一个，小朋友也能吃完，是非常不错的餐间点心。虽然没有放额外的甜味调料，但由于同时富含椰枣和苹果的香甜，吃起来完全不觉得寡淡。另外，自制的苹果泥还是很好的婴儿辅食。

A

苹果	4 个（切成 1cm × 1cm 的块状）
枫糖浆	1/2 量杯
柠檬汁	1/4 量杯

B

有机全麦面粉	225g
泡打粉	1 小勺
苏打粉	1/2 小勺
海盐	1/4 小勺
肉桂粉	1/8 小勺

C

椰子油	1/2 量杯（液状）
豆乳	1/3 量杯（温热）
柠檬汁	1 大勺

D

核桃仁	50g（切碎）
椰枣	90g（去核切碎）

A

烤箱预热 180℃。

1. 混合 A 中所有材料（留出 1/2 量杯的苹果丁），放入烤箱烤 35 分钟。在 20 分钟时拿出，稍作翻动。

2. 把留出的苹果丁加入 1/2 量杯水，用搅拌机打成苹果泥。

B

混合干性食材，用打蛋器搅拌均匀，过筛。

C

1. 用打蛋器先把豆乳和椰子油打成乳化状态，然后加入其他食材搅拌均匀。

2. 加入 B 材料和苹果泥，搅拌成均匀面糊。

D

1. 在面糊中加入烤过的苹果干、核桃碎和椰枣碎，搅拌均匀。

2. 在模具中刷油。

3. 把面糊均匀分入迷你麦芬模具中，放入预热到 185℃的烤箱中，烤 10 分钟左右。以牙签测试，拔出不粘即可。如用标准麦芬模具，烤制时间为 18 ~ 23 分钟。

椰油香甜曲奇饼

时间嘀嗒嘀嗒走过，令人陶醉的香味从烤箱渐渐溢出整个房屋。冬天的时候，把椰子油换成芥花油，再加入生姜粉、肉桂粉、豆蔻粉，压成小人模型，就是备受欢迎的姜饼人啦。

A

低筋面粉	360g
葛根粉	40g
泡打粉	1 小勺（可不放）
椰丝	适量

B

枫糖浆	200ml
特级初榨椰子油	150ml
海盐	1/2 小勺

烤箱预热 160℃ 。

A

混合 A 中面粉和葛根粉，用打蛋器搅拌均匀，过筛，拌入椰丝，搅拌均匀备用。

B

1. 混合 B 中食材，用打蛋器充分搅拌，使油和枫糖浆乳化融合，呈略黏稠的状态。

2. 混合步骤 A 和步骤 B 的材料，搅拌成光滑面团。把面团包上保鲜膜，放入冰箱冷藏 1 小时。

3. 取出面团，在案板上擀成厚 0.5cm、直径 2cm 的圆形。

4. 放入已预热到 160℃的烤箱内烤 10 分钟，拿出，旋转 180 度，把温度降低到 150℃，再烤 12 分钟左右。

燕麦能量块

阿拉伯人把椰枣奉为天赐之物，据说一个人一天吃两粒椰枣就能维持生命。椰枣是非常棒的果糖来源，又可以帮助消化。用椰枣制作的燕麦能量块，携带方便，一天两块，你会爱上它们。

A

椰枣	**40 个（去核）**
热水	**2 大勺（适量调整）**
椰子油	**12 大勺（液态）**

B

燕麦	**200 克**
椰丝	**100 克**
葵花籽仁	**100 克**
黑白芝麻	**100 克**
蔓越莓	**6 大勺**

A

把A中所有材料用手持料理机打碎，不必特别细腻，可保留一些椰枣的颗粒感。

B

1. 用料理机分别把燕麦、黑白芝麻、葵花籽仁、蔓越莓打碎。

2. 把所有食材搅拌均匀，像揉面团一样不断揉搓食材，直到干性食材充分吸收湿性食材。如果过于干燥，可加适量热水。

3. 把适量食材压入烤盘中冷冻 1 小时，切成 2cm × 2cm 的方块状。

4. 冷冻保存，食用时提前 1 小时回温。

15个
无盐杏仁

随手一把 正确零食

无论是上午、下午还是晚上过了 9 点，当你觉得身体发出饥饿的讯号，就应该为身体补充一点能量，以便让我们集中精神。坚果和干果是最方便同时也是非常健康的选择。坚果和干果对身体都非常有益。记住，所有市售调味坚果不在此列中。

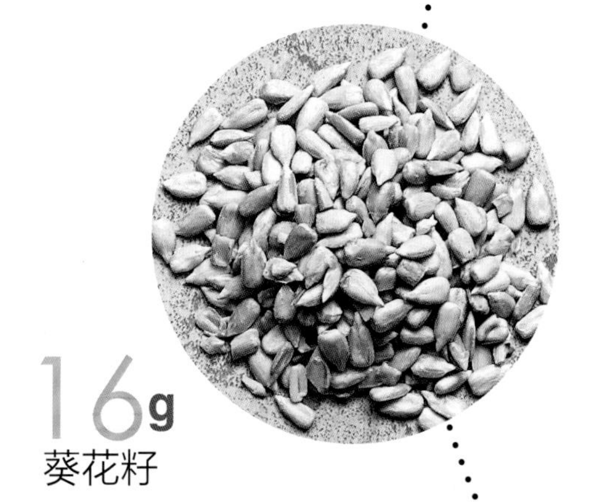

16g
葵花籽

35g
蓝莓干

8个
无盐夏威夷果

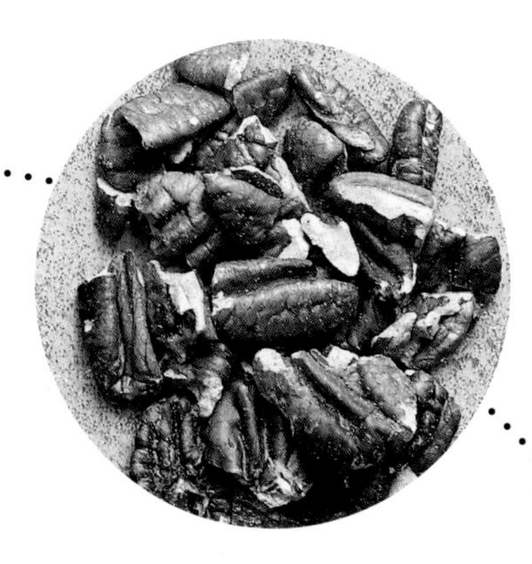

7个
无盐碧根果

2个
椰枣

这一页列出了每

100
卡路里

所需的这些坚果或干果的数量，希望对你在包装自己的零食袋时有所帮助。

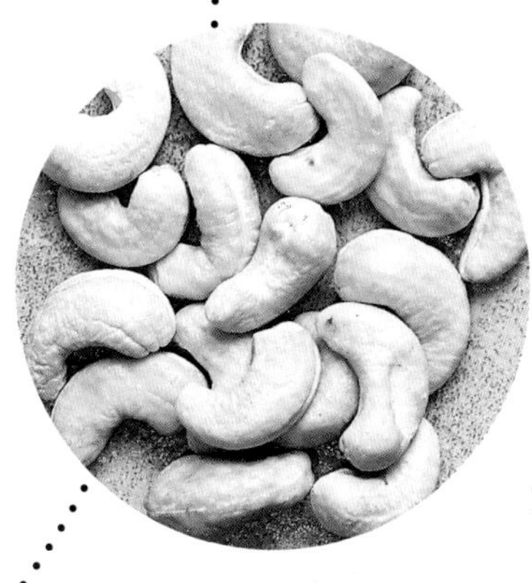

10个
无盐腰果

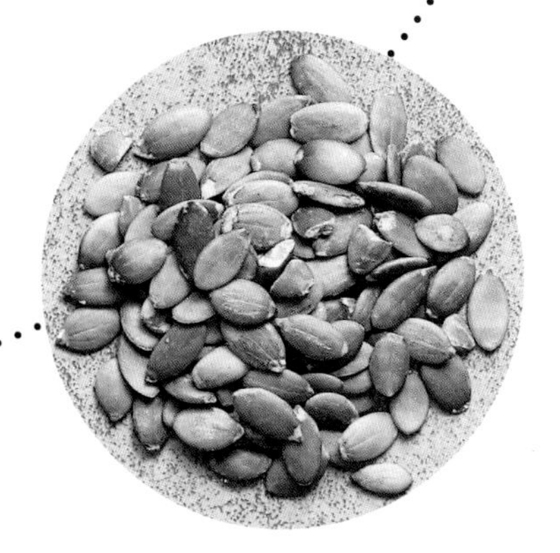

16g
南瓜籽

不可不知的食品广告术语

在食物领域，只有还散发着泥土芳香，挂着晨露的新鲜蔬果才是真正具有能量和疗愈能力的。任何工业制品，你只需要学会看成分表一栏就知道那些冠冕堂皇的健康承诺有多假。

1

全麦全谷类制作

事实：并没有规定使用多少比例的食品才能宣称自己是全麦，所以就算只用到了5%的全麦，或只是添加了少量麦麸，商家就能说自己是全麦。如果你吃到的全麦面包又软又香，那么不是全麦的份量微乎其微，就是里面含有面包改良剂。真正使用天然酵母发酵的全麦面包，口感微酸，并且组织密实，吃一片就会觉得很有饱腹感。

2

无糖

事实：无糖比有糖更不堪，所谓无糖，很有可能是加了甜味剂，长期食用会引起肾衰竭。

植物黄油 / 人造黄油 / 植物奶油

事实：这些类似黄油的东西和植物半点关系也没有，完全是反式脂肪。而市场规定只要每份食用量低于 0.5g 就可以号称零反式脂肪，所以即便宣称自己是零反式脂肪也有可能只是含量较低而已。但就算是含量很低的反式脂肪，对人体也大大不利。

4

纯净水

事实：人体百分之七十由水组成，水对人体太重要了，任何时候，喝水请喝矿泉水。所谓过滤而来的无任何垃圾、也无任何矿物质的纯净水是酸性食物,长期食用,有害无益。

低脂／脱脂

事实：脂肪是吞咽满足感的来源。且不论在进行低脂和脱脂的过程中又加了什么其他东西进去，想要让它不至于难以下咽，势必又要添加更多的甜味剂或添加物。要吃就不要偏激，适可而止才是正道。

6

无味精

事实：虽然说是无味精，但是鸡精、蘑菇精、蔬菜精并不见得比味精强多少。如果成分表内含有化学成分的，就算不是味精，也同样会引起肾脏负担。

入口原则

1. 成分表中含有小学三年级学生念不出来成分的食物不要吃。

2. 尽量购买农夫市集等知根知底的农场的新鲜有机蔬菜和水果。

3. 不喝过滤出来的纯净水，要喝只喝天然矿泉水。

4. 不会腐烂的不要吃。

5. 快乐、愉悦地吃。

超简单的香味水

夏日举行家宴的时候，搬出平时很少用到的大大小小的玻璃瓶子，在水里加入一些香草、水果或花茶，平淡无奇的水就华丽了起来，对比好像十二点前后的灰姑娘。水果没有特别要求，只要是盛产的季节，都可以用来做香味水。

草莓柚子水

葡萄柚切开，草莓对半切，挤一些果汁在水里，其他的泡入水中即可。

菊花水

把适量菊花加入水中，如体寒者可再加入适量枸杞。

柠檬水

我甚至觉得那句养生的至理名言应该改为“每日一柠檬，医生远离你”。在夏天，餐厅里的柠檬水总是供不应求。新鲜的柠檬水不仅口味极佳，更是非常棒的身体排毒剂。

基础柠檬水

柠檬	2个（榨汁）
水	230ml
龙舌兰蜜	1小勺
冰块	适量

把以上食材混合均匀

姜味柠檬水

姜片	4片（榨汁）
柠檬	2个（榨汁）
水	230ml
龙舌兰蜜	1小勺

把以上食材混合均匀

西瓜柠檬水

西瓜	6片（去皮榨汁）
柠檬	2个（榨汁）
龙舌兰蜜	1小勺
冰块	适量

把以上食材混合均匀

橙味薄荷柠檬水

橙子	2个（榨汁）
柠檬	2个（榨汁）
薄荷	1小把
水	180ml
龙舌兰蜜	1小勺
冰块	适量

把以上食材混合均匀

苹果黄瓜青柠水

青苹果	4个（榨汁）
黄瓜	1/4个（榨汁）
青柠檬	1个（榨汁）
冰块	适量

把以上食材混合均匀

第五个季节
水果季

如果一年有第五个季节，那一定就是水果季。我必须承认，水果的魅力太大了，水果的可作为之处也真是很多，除了最原始的直接食用之外，还可做成果汁、果昔、果泥、果酱、果干等。光果汁的好处，就不胜枚举：补充水分，净化身体，增加活性酶，补充糖分，易于消化，增加叶绿素，抗氧化，缓解压力等。然而，特别值得素食者注意的是，水果大多寒性，因此要在恰当的时间食用，所谓不时不食，除了指吃当季食物之外，对于水果而言，应该尽量在 9 ： 00 ~ 14 ： 00 之间享用。

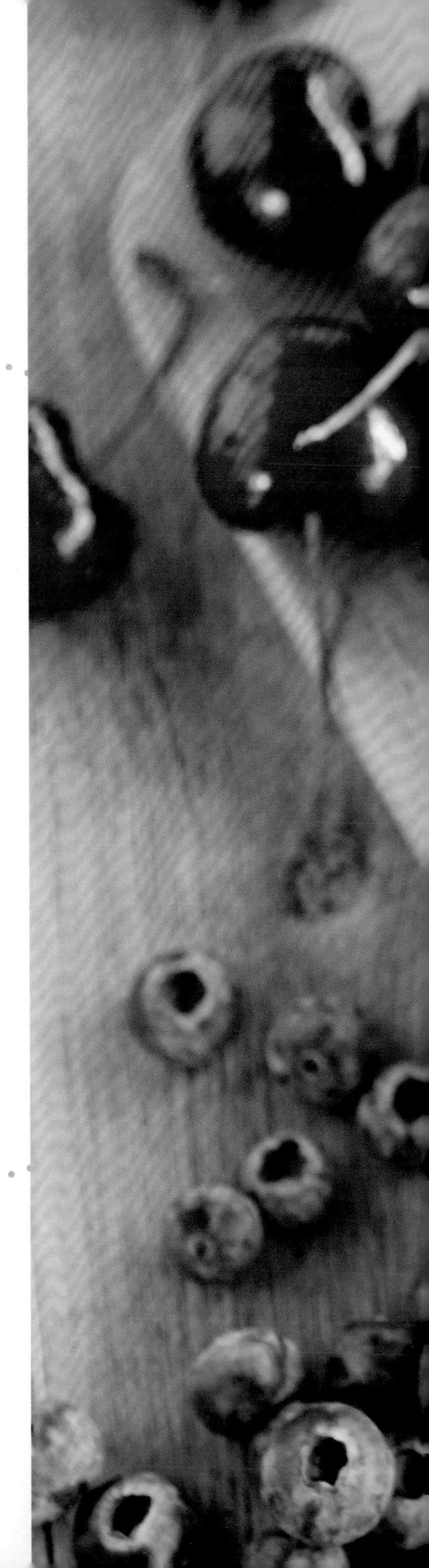

混合果汁

只要是当季的水果，搭配在一起总是不会出太多错。我的喜好是拿苹果汁作混合果汁的基底，再搭配其他水果搅拌其中，有适当的纤维感，同时又不会太浓稠。尽量选用有机水果来制作果汁，如果非有机水果，一定要去皮。

恋人摇滚

苹果	2个（榨汁）
橙子	1个（榨汁）
葡萄柚	1个（榨汁）

把以上食材放入榨汁机中榨汁。

女生说

姜片	4片（榨汁）
苹果	3个（榨汁）
红菜头	200克（榨汁）
胡萝卜	2个（榨汁）

把所有食材放入榨汁机中榨成果汁。

空之樱花

苹果	4个（榨汁）
草莓	6个
牛油果	1/4个

苹果榨汁，再与其他食材一起用料理机搅拌均匀。

绿色小怪物

羽衣甘蓝	2片
西芹	5根
苹果	3个
姜	4片

把西芹、苹果和姜用榨汁机榨汁，然后与羽衣甘蓝一起用料理机搅拌均匀。

夏日微风

苹果	4个
菠萝	3片
芒果肉	100g
薄荷叶	3片

苹果和菠萝榨汁，再与其他食材用料理机搅拌均匀。

牛油果果昔

牛油果的卡路里和脂肪含量在所有水果之中都是最高的，但正是因为这一点，令它具有其他水果不具有的满足感，是制作植物奶昔的绝佳选择。制作植物奶昔想要得到浓稠效果的另外一个秘诀就是把水果提前切块冷冻，这样搅拌出来的效果会宛如牛奶加冰淇淋一样令人无法抗拒。除此之外，我还喜欢用椰子水替代纯净水来制作植物奶昔，因为富含各种微量元素的椰子水能很好地补充夏日由汗液所带走的电解质。

牛油果香蕉菠菜

牛油果	半个
香蕉	1 个（切块，冷冻）
菠菜叶	1 把
椰子水	280ml

牛油果罗勒菠萝

菠萝	3 片
新鲜罗勒叶	1 小把
牛油果	半个
椰子水	280ml

牛油果芒果姜

姜	4 片
芒果肉	200g（冷冻）
牛油果	1/2 个
椰子水	280ml

牛油果蓝莓燕麦

牛油果	半个
蓝莓	2 大勺
椰子水	280ml
龙舌兰蜜	1 小勺
燕麦	1 大勺

牛油果草莓香蕉西番莲

牛油果	1/2 个
香蕉	1 个（切块，冷冻）
草莓	3 个（冷冻）
西番莲果汁	100ml
椰子水	180ml

牛油果腰果香蕉

牛油果	半个
香蕉	1 个（切块，冷冻）
生腰果	2 大勺（隔夜浸泡）
椰子水	280ml

牛油果杏仁可可

牛油果	半个
椰枣	4 个（去核）
杏仁酱	1 大勺
纯可可粉	1 大勺
椰子水	280ml

以上食谱的制作方法均为：将所有的食材放入料理机内，低速搅拌一会儿后转高速搅拌半分钟。

第一次吃到手工果酱是八九岁的样子，邻居同学的妈妈在春天的时候，用草莓熬煮了一大锅可以吃到整粒草莓的果酱，香味四溢，记忆深刻。市售果酱大多加了人造果胶来增加黏稠度和降低成本，风味失去一大半，吃起来只有满口甜腻。近几年流行起手工果酱，不是没有原因的，因为上手容易，应用广泛，工具简单（锅，温度探测针）。在盛产水果的季节，一定要做一些果酱。涂抹在面包上，做成冰品，加入沙拉酱中，与奶酪共享或加上谷物奶搅拌成水果味谷物奶，吃法多多。

苹果果胶

果胶有助于帮助其他水果凝结，又可以增加风味。制作果酱时每1000g水果搭配10%~15%的果胶。

苹果	**1000g**
黄金幼砂糖	**500g**
水	**200ml**
柠檬	**1个**

1. 苹果洗净，擦干，不去皮不去籽，切成小块。
2. 准备一口不锈钢锅，将苹果和糖一起搅拌均匀，熬煮约30分钟，直到苹果变软又透明。
3. 取一个筛网，将苹果果肉取出，压出果汁，将滤出的果汁再用纱布过滤一次。
4. 如果果胶不立刻使用，放入冰箱，就会呈果冻状。

低糖草莓果酱

草莓	**1000g（去蒂头）**
苹果果胶	**25g**
黄金幼砂糖	**350g**
柠檬	**1个（取汁）**

1. 草莓洗净，去除蒂头；柠檬取汁。
2. 把草莓、砂糖、柠檬汁放在一口干净的不锈钢锅中，静置至少4小时。之后一同煮开，开火后继续滚沸约5分钟，捞去杂质，关火，不加盖，放凉，静置2小时。
3. 2小时后，再将此锅放回炉上煮开，然后加入苹果果胶，用探测针控制锅内温度在103~105℃。
4. 以小火继续煮15~20分钟，不断搅拌。
5. 当果酱开始有浓稠感时，关火，趁热装瓶。

蓝莓果酱

蓝莓	1000g
黄金幼砂糖	800g
柠檬	1个（取汁）

1. 将蓝莓、400克糖和柠檬汁一起放入锅中，放置4个小时。
2. 将锅放在炉上煮开，然后放入剩下的糖。大火煮开后转小火，继续烹煮，不断搅拌。
3. 当果酱开始黏稠时，持续烹煮10分钟，直到果酱呈现浓稠感，关火，趁热装瓶。

果酱装瓶技巧

1. 将玻璃罐与冷水一起放入锅中，在沸水中煮10分钟，将不锈钢漏斗和瓶盖一起放入沸水中，马上关火。
2. 将玻璃罐与盖子倒放在干净的毛巾上晾干。
3. 趁热用勺子将果酱通过漏斗装入玻璃罐中，8分满即可。
4. 盖紧瓶盖，倒扣放置，冷却后即可让瓶子呈真空状态。

红色梅子果酱

蔓越莓	250g
蓝莓	250g
覆盆子	250g
李子	250g
黄金幼砂糖	400g
柠檬	1个（取汁）

1. 李子洗干净，去核，切丁，放入锅中与其他食材混合，包上保鲜膜，静置至少4小时。
2. 将锅放在火炉上煮开后转小火，不断搅拌。30分钟后，当锅中水量减少约一半，果酱呈浓稠状时，关火装瓶。

调味技巧

1. 根据水果甜度的不同，水果和糖的比例为1:0.4~1:1。
2. 葡萄、荔枝、菠萝、火龙果、西瓜、西红柿等果胶含量较低，制作时可适当添加苹果果胶。
3. 酸味重的水果，除了加糖之外，还可以添加麦芽糖以增加其风味。
4. 甜味重的水果，可以增加酸一点的水果或醋等。

素食将给你带来什么

心灵平和安详

选择素食，不管出发点如何，在我们做出这一餐选择的同时，就意味着减少了动物因为人类的口腹之欲而被杀的机会。无论我们是每周一素，还是完全素食，在每次进餐时都可以重复告诉自己这一初心，愿我们的一举一动能使别的生命无敌意，无危险。久而久之，不仅对动物，对身边的人，不管是亲朋好友，还是陌生人，都用这样的心去对待，不但会减少很多恶性竞争和争执，而且自己也会很自在，很欢乐。

不费大力就为环保做贡献

在“世界环境日”，联合国在微博上向大家发起素食倡议：每周吃一次素食，你将会节约大概 9463L 的水，这些水可以生产约 453g 牛肉。另外还可以减少畜牧业产生的温室气体排放。这一举措可以节水和减少空气污染。水和空气和我们的生活息息相关，保护水和空气就是在保护我们的生命。

减少疾病机会

健康是一件往往在失去以后才意识到珍贵的东西，疾病不仅使自己和亲人痛苦不堪，也是沉重的经济负担。保持良好的生活方式是有预见的明智之举。即使是一周只吃一次素食也能降低患慢性疾病，如癌症、心脏病、糖尿病、高血压、肥胖症的风险。

增强耐力

很多人对素食者的印象是孱弱。但事实上，素食的少林僧人以武术造诣闻名于世，向全世界展示着力量、耐力和柔韧性。据北京奥运会餐饮总监估计，有 20% 的运动员都是素食主义者。就像自然界的肉食动物与草食动物的区别一样，素食者耐力更强。拳王泰森在选择完全素食之后，不但依然继续运动生涯，而且性情变得温和。

减轻体重

一般来说，素食者摄入的卡路里会比较低，以蔬菜、水果、全谷物为主，适当补充坚果等的膳食结构会使你容易保持身材。

保持皮肤健康

很多存在于水果和蔬菜中的维生素、色素和植物化学素（比如花青素）会使得我们的肌肤更健康。例如蓝莓、黑莓和桑葚等蓝紫色水果都富含抗氧化剂，可有效抗击营养不良及环境因素导致的皮肤损伤。红薯富含胡萝卜素 (能在身体内转化为维生素 A) 和维生素 C，这两种维生素可让皮肤健康光泽。

准备一餐的时间减少

蔬果的处理和后续清洗一般来说会比肉类更容易，吃完饭之后的碗也比较容易洗干净。夏天更可以准备一些沙拉、果昔，既健康又省时。

在家吃饭的机会变多

素食想要吃好，往往需要花一些心思，这也给了我们更多在家吃饭、和家人相处的机会。在用爱心处理食物的同时，也在培养我们对家人的关爱之心。

愿越来越多的朋友尝试素食，大家吃好喝好，身体健康，带着一颗温和宽容的爱心，让这个世界更美好，也让我们自己更幸福。